現場で使える
Web編集の教科書

withnews＋ノオト＋Yahoo!ニュース

朝日新聞出版

はじめに

「SNSやブログ、Webサイトを使えば、ユーザーに直接、情報を発信できる」本当にそうでしょうか?

　たしかに、テレビや新聞、雑誌、ラジオしかなかった時代に比べれば、情報の量もジャンルも、担い手も比べものにならないほど増えています。

　以前なら新聞記事を届けるためには、取材をして話を聞き原稿を書くだけではなく、印刷する用紙を調達し、印刷する輪転機の設備を維持し、配送網を整える必要がありました。

　でも、今では、原稿を書いた後に「配信」ボタンをクリックすれば発信できてしまいます。

　この30年、社会に劇的な変化をもたらしたWebの技術は、情報発信に必要だった設備、制度、組織を解体しました。

　一方で、Webは私たちにやっかいな問題を突きつけています。

　どんな経路で情報が届き、どんな理由で拡散し、あるいは埋没しているのかが、見えにくいのです。

　新聞社やテレビ局など旧来のメディアによって情報流通が担われていた時代は、成功と失敗、そして、その責任の所在も一目瞭然でした。

　ところが、Webの情報流通は、発信者だけでなく、ポータルサイト、SNSプラットフォーマー、携帯会社など、時に競合することもある企業同士が入り混じって1つの仕組みを作り上げています。

　「配信」を押すだけでユーザーに届いているように見えても、実はその間に様々な工程が潜んでいるのです。

この本は、Webの情報発信に関わる人に向けて書かれています。

編集者はもちろん、記者、ライター、企業の広報、宣伝担当のみならず、個人であってもWebで活動をするあらゆる人に読んでもらいたいと思って作りました。

タイトルを「Web編集」とし、あえて「Web編集者」にしなかったのも、Webでの情報発信が特定の職業や部署に限定される時代ではないと考えたからです。

例えば、

・記事を配信しても読んでほしい人に届かない。

・サイトを運営しているけれど手応えがない。

・何より「炎上」するのが怖くて躊躇してしまう。

そんな悩みを持っている人にこそ、本書は読まれてほしいと思います。

本書は2部構成になっています。

第1部は、私奥山が執筆を担当しました。Webメディアの歴史を踏まえた上で、企画の立て方、取材相手との交渉、見出しのつけ方、写真の選び方、記事のチェック、文字数など、基本的な技術を網羅しました。

Webの代表的な記事ジャンル、一緒に仕事をするライターの選び方、ポータルサイトでの拡散、SNSの活用、トラブルを避けるための注意点などを読めば、実践的なテクニックが身につくでしょう。

また、広告やサブスクリプション（有料課金）など、Web運営を持続させるための仕組みもカバーしました。

Web編集未経験の人はもちろん、経験者でもあらためて整理しておくべきポイントをまとめています。

第2部は、Web編集者へのインタビュー集です。

「文春オンライン」「東洋経済オンライン」などのニュースサイト。

「少年ジャンプ+」「ABEMA Prime」といった漫画や動画。

「クックパッドニュース」「北欧、暮らしの道具店」のようなオウンドメディ

ア。幅広い分野の編集者から実践的な話を聞いています。

　ユーザーと直接、つながっているように見えて、実は、すれ違っているかもしれない。それを埋めてくれるのが「Web編集」です。
　みなさんにとって、本書が「人と人を結びつける情報本来の価値」について考えるきっかけとなれば、と願っています。

withnews編集長・奥山晶二郎

現場で使える
Web編集の教科書

目 次

第 1 部

Web編集の基礎知識

Webメディアの歴史

制作工程

Web記事の構成要素

ネットならではの注意点

Web記事の種類

書き手の種類

Web記事の流通

Webメディアのビジネスモデル

第 2 部

トップWebメディアの現場の流儀

※所属・肩書は取材当時のものです。

第 **1** 部

Web編集の基礎知識

ネット黎明期とWebメディアの歴史

すべてはパソコン通信から始まった

インターネットの黎明期、マスメディアによらない情報発信の場として生まれたのが「パソコン通信」です。

1980年代半ばから、メールや掲示板、チャットなどが提供されていた「パソコン通信」は、現在のWebメディアと違って、そもそもアクセスするハードルが高かったため、「知っている人に教えてもらう」という性格の強い世界でした。

そのため、趣味について情報交換する場所があったとしても、「テレビ、新聞、雑誌、ラジオ」など旧来のマスメディア経由で知ったことを「パソコン通信」で語り合うという、あくまで補完的な存在だったといえます。

また、ITに関心があり、それなりに知識のある同質性の高い人たちが、さらに高度な情報を求めて集まるという空気感もあり、今日のインターネット、特にSNSで可視化されやすい攻撃的な言葉のやりとりとは比較的無縁でした。「パソコン通信」では、発信者と受信者が対等な立場となっていたのです。

それから約40年、インターネットが生活インフラとなると、発信者も受信者も多種多様となりました。

その中で起きてしまうのが、発信された情報が予期せぬ受け止め方をされ、時に「炎上」と呼ばれる現象を引き起こしてしまうケースです。

あらゆる人たちがWebメディアのユーザーになり得る時代、「情報がどのように受け止められるか」まで考えることは、編集者の大事な役割になっています。

❀ Webメディア・ネットコンテンツの歴史

時期	Webメディア業界の出来事
1994	米Yahoo!登場
1995	既存プリントメディアの無料ウェブサイト (「asahi.com」や「YOMIURI ONLINE」、「JamJam」など)開設
	商業誌による週刊のニュース配信「Weekly ASCII on Internet」(アスキー)開始
1996	日本経済新聞が公式サイト「NIKKEI NET」を開設
	「Yahoo! JAPAN」がサービスを開始
	女性誌サイトの「エル・オンライン」開設
1998	クックパッドの前身「kitchen@coin」開設(1999年「クックパッド」に)
	「ほぼ日刊イトイ新聞」開設
1999	NTTドコモ「iモード」、DDI「Ezweb」サービス開始
	不正アクセス禁止法が成立、施行は2000年2月
	「2ちゃんねる」開設
2000	「Yahoo! JAPAN」、1日あたり1億ページビュー(PV)を達成
	Google、日本版サービス「Google日本語」開始
2001	「Wikipedia」日本語版が登場
2002	「デイリーポータルZ」開始
2004	「mixi」、「Amebaブログ」、「GREE」サービス開始(日本におけるSNSの誕生)
	「Facebook」誕生
	「電車男」の書き込み(同年書籍化、翌年ドラマ・映画化)
2005	「オモコロ」開設
	テレビ番組を有料配信する「フジテレビ On Demand」開始
	「YouTube」設立
	「はてなブックマーク」開始
2007	iPhoneがアメリカで発売、GoogleがAndroidを発表
	「Yahoo! JAPAN」のPVが世界一に 月間利用者4000万人突破
2009	「NAVERまとめ」、「Togetter」、「nanapi」サービス開始
2011	「LINE」サービス開始
	「ねとらぼ」開始
2012	「パズル&ドラゴンズ」がサービスを開始
	「SmartNews」サービス開始
2013	「ハフィントン・ポスト(現ハフポスト)日本版」が創刊
	「グノシー」、「LINE NEWS」、「NewsPicks」など ニュースキュレーションサービスが勃興
2016	大手キュレーションサイトの大量閉鎖(WELQ問題)
	「BuzzFeed Japan」サービス開始
2017	「インスタ映え」が新語・流行語大賞年間大賞に
	TikTok日本版サービス開始
2020	フェイクニュース問題

新聞社によるニュースサイトの誕生

ネット以前のニュース配信

　紙メディアが、自社の媒体以外で情報を発信する取り組みは、インターネット以前から始まっていました。

　1984年、電話回線で送った文字や図形をテレビやパソコンの画面に表示させる「キャプテンシステム」に、大手新聞社などが参加します。当時の日本電信電話公社（現NTT）が開発した「キャプテンシステム」は、現在の「日経テレコン」に近い記事データベースのようなものでした。

　ただ、「キャプテンシステム」には専用端末を設置した各家庭からアクセスする必要があり、肝心の端末が普及しなかったことで、事業は失敗に終わっています。また、この時期には、新聞社による「パソコン通信」への情報提供も始まっています。

　1993年、当時の郵政省がインターネットの商用利用を許可し、「インターネットイニシアティブ（IIJ)」が、日本初となるインターネット接続サービスの提供を開始します。

1995年以降、大手新聞社が続々とネットへ進出

　その後、紙メディア、特に新聞社が相次いでネットに進出したのは1995年のことでした。また、その年の11月には、「Windows95」が発売され、「マルチメディア」という言葉も一気に広がります。

　朝日新聞による「asahi.com」は、1995年8月10日にスタートしています。

　当時は、トップ記事と写真、5本の「速報ニュース」で構成されていました。当時の「asahi.com」でも、「マルチメディア」は意識されていたようです。サイト設立に関わった大前純一氏によると、「MD（ミニディスク）を使っ

た情報自販機を作ったらどうか」という意見もあったそうです。

　また、大前氏は「情報の流通を独占してきていたモデルは崩れるだろう」という危機感があったことも明かしています。

　これは、コンテンツの作り手であるメディアではなく、それを集めるポータルサイトの方が記事の流通に大きな影響を持っている現状を予言しているかのような発言です。

　ただし、紙の読者の減少に対する危機感は「まったくそんなことはなかった（笑）」という状況でした。そのため、あくまでも新規事業に挑戦する姿勢の現れとしてのネット進出だったといえます。

　また1995年には、毎日新聞も「JamJam」をスタートしています。「JamJam」は「テレビの顔と新聞の頭脳とラジオのノリ」をコンセプトにしており、当初からユーザーとの交流などを重視する姿勢を打ち出していました。

　同じく1995年には、読売新聞も「YOMIURI ONLINE」をスタートさせていますが、記事全文が読めるのは「パソコン通信」の有料会員限定でした。

　今と変わらないのは、速報への意識です。

　1年365日紙面を発行している新聞社にとって、朝刊と夕刊の締め切りの存在は大きいものです。それに縛られない情報発信は、ネットの大きな魅力として受け止められていたようです。

　この「ネットニュース＝速報」という意識は、旧来マスメディアのネットに対する姿勢において、現在も根強く残っています。また、写真とテキストという組み合わせも、基本、現在のネットメディアの体裁と大きく変わっていません。

「Webメディア」の成長と競争

Yahoo! JAPANが示したプラットフォームの価値

「Windows95」発売とともに本格的な広がりを見せたインターネットの世界で、紙メディアに由来しないWebメディアの土台が作られます。新聞社がネットに進出した1995年に、アスキーはいち早くパソコン用品などの解説情報を集めた「Weekly ASCII on Internet」をスタートさせています。

初期のインターネットでは、現在のFacebookやTwitterのように、同窓生がネット上でつながることができるサービスが1つのジャンルとしてありました。

さらに1996年、女性誌『ELLE』のWeb版である「エル・オンライン」が生まれています。当初はパリコレの速報を届けることが目的でしたが、徐々に独自の編集記事も手がけていくことになります。

1997年には、ソフトバンクが「コンピュータ専門誌」として「ZDNetJapan」をスタートします。アメリカの「ZDNet」の日本版としてパソコン関連の情報を発信していきます。

加えて、1998年には糸井重里氏による「ほぼ日刊イトイ新聞」、翌1999年には掲示板の「2ちゃんねる」や無料ホームページ作成サービスの「魔法のiらんど」がスタートします。2000年は「みんなの経済新聞」の母体となる「シブヤ経済新聞」が設立され、2001年には「その道のプロ（専門家）」が記事を書く生活総合情報サイト「All About」が生まれています。

1995年からの10年間で、現在も運営を続けているサービスが次々と立ち上がっていきました。また、これらのサービスは、現在のWebメディアの原型となっています。

マスメディアの存在感がまだ大きかった90年代後半に生まれたWebメディアの特徴として、ITやカルチャー、地域情報、生活情報など特定のジャン

ルに特化した内容を強みにしていたといえます。

この時期の動きとして見逃せないのが「Yahoo! JAPAN」の誕生です。

1996年、「Yahoo! JAPAN」は、アメリカの「Yahoo」とソフトバンクの合弁会社として設立されたヤフー株式会社によりサービスが開始されました。当時の「Yahoo! JAPAN」は、人の手でジャンル分けされたサイトを案内する「ディレクトリ検索」と、現在の一般的な検索である「キーワード検索」の2つから成り立っていました。

同じ年に、「Yahoo! JAPAN」は「Yahoo!ニュース」を開始します。当初はロイター通信の海外ニュースと、ロイター通信に提供される毎日新聞の国内ニュース、ウェザーニューズの記事などを掲載していました。

この時から、メディアが読者と直接つながるという従来の関係から、メディアと読者の間に「Yahoo!ニュース」というニュースポータルが入るという新しい仕組みが生まれます。その後、「Yahoo!ニュース」は、膨大なPVを集める巨大サービスに成長し、提携メディアを次々と増やしていきました。

コンテンツを生み出すＳＮＳ

2004年、日本では「mixi」「Amebaブログ」「GREE」が生まれます。海外では、Facebookも同じく2004年に生まれました。また、「2ちゃんねる」の書き込みから生まれた「電車男」の書籍化もこの年でした。この時期から、ユーザー参加型のコンテンツ（UGC = User generated content）が認識されはじめ、一般人の発信でもメディアと同等の影響を持つ例も散見されるようになります。

2006年、「ビジネス＆メディアウォッチ」をコンセプトに生まれた「J-CASTニュース」は、現在でも老舗Webメディアの1つとして、ジャンルを地域情報などにも広げています。

大手メディアが報じない独自の記事を発信しつつ、テレビ番組でのタレントの発言などをそのまま記事にするような「メディアウォッチ」という記事として伝える手法を得意としています。この手法は、「取材をせずに記事を書くこと」の是非について、議論を呼び起こしたこともありました。

「iPhone3G」が発売された2008年以降、インターネットの世界では、PC画面の前に座らなくてもネットにつながっている常時接続というスタイルが

定着します。電話からメール、ニュースまで、すべての情報がスマホに集まるようになった結果、ユーザーの可処分時間をあらゆるコンテンツが奪い合う状況が生まれます。

　2010年になると、日経新聞は新聞社として初めて、本格的な有料課金サービスである「日経新聞電子版」をスタートさせます。翌2011年に起きた東日本大震災では、Twitterなどネット上の情報が注目されました。またこの年には、LINEが生まれています。

Webメディア戦国時代に突入

　2013年は、「グノシー」「NewsPicks」といったキュレーションサービスが本格的にスタートした年です。Webメディアにとっては、「Yahoo!ニュース」以外にも集客が期待できるポータルサイトが生まれ、より戦略的な配信が求められるようになります。

　同じ2013年、「ハフィントン・ポスト（現ハフポスト）日本版」も生まれます。「ハフィントン・ポスト日本版」は、旧来のマスメディアが担っていた政治や社会といった「硬派なジャンル」の報道もカバーするWebメディアとしてスタートしました。

　2016年、一部上場企業のDeNAが運営する医療メディア「WELQ（ウェルク）」が、根拠のない医療情報などを大量に配信していたことがわかります。これがきっかけで、検索順位を上げることを狙ったPV目当ての手法が社会問題となり、DeNAが運営する10サイトが閉鎖されます。

　一方でこの時期には、「ハフィントン・ポスト日本版」に続く、「硬派なジャンル」もカバーするWebメディアが続けて生まれてきます。2016年にスタートした「AbemaTV（現ABEMA）」は、地上波にかわるネット上のテレビ局という新しいジャンルを切り開きます。

　同じ年、政治からエンタメまで幅広いジャンルの記事を、SNSで拡散させることを看板にした「BuzzFeed Japan」がオープンしています。また、2017年にはビジネスメディア「Business Insider Japan」が生まれています。

ＳＮＳ・オウンドメディアの出現

Webメディアの3パターン

　現在のWebメディアは、①新聞やテレビなどの旧来のマスメディアが運営するもの、②Webの世界から生まれたもの、③企業の宣伝目的のもの、と大きく分けて3つに分類されます。

①旧来マスメディアが運営するWebメディア

　紙媒体などにもともと発信していたコンテンツをWebサイトで再現する形で運営されています。従来の発信と並行してWebメディアを手がけることになるため、編集者の立場になった社員は「本業」との住み分けを常に考えることになります。

　例えば、新聞社の場合は、自社の社員である記者を数多く抱えているため、Webから始まったメディアに比べると取材体制は手厚くなります。

　一方で、「本業」との兼ね合いから、Webにはなじまないフォーマットで、そのまま配信せざるを得ないケースもあります。

　そのため、必ずしも組織力を活かせるわけではないのが実情です。

　また「本業」の売り上げ規模が大きい場合、Webメディアの意義が社内で浸透しにくいという構造的な問題もあります。

②Webの世界から始まったメディア

　既存のメディアが扱っていないジャンルを狙ってスタートすることが多く、特定のテーマに紐づいて認識されることも多くなります。

　ITなどの分野が多い傾向があるものの、現在では旅やグルメ、ライフスタイルなど様々なジャンルへと広がっています。

　また規模によって様々な体制があるのも特徴です。Webメディアの売り

上げだけで運営するところもあれば、本業のある親会社のメディア部門が運営する形のところもあります。

とはいえ、比較的大きめのメディアであっても編集者・ライターは数十人、技術やビジネス部門のメンバーを合わせても100人に満たない規模で運営することがほとんどです。そのため、記事本数とPVの維持に追われるなど、数字にはシビアに向き合わざるを得ないこともあります。

編集者としては、メディアが看板にしているジャンルの特徴を活かしながら、メディアの規模感を数字で下支えするコンテンツを用意する力が求められます。

③企業宣伝目的のオウンドメディア

ユーザーには宣伝要素だけではない情報を届けつつも、最終的には本業への貢献を求められるのが、企業が運営するオウンドメディアです。

報道機関としては位置付けられないため、「Yahoo!ニュース」のようなポータルサイトへの配信はできません。そのため、Googleをはじめとした検索サイト経由でのユーザーの流入か、TwitterなどのSNS経由の流入を狙うことになります。

そのため、検索サイト経由の流入のために、SEO（Search Engine Optimization）を施して、コンテンツを検索エンジンのアルゴリズムに最適化させ、検索結果画面の上位に表示されることを狙います。

例えば、外食チェーンの企業のオウンドメディアが「ランチ」というビッグワードで1位を取れたら、自動的に大量のトラフィックが期待できます。

ただし、実際にはビッグワードでオウンドメディアのコンテンツが上位に入ることは珍しく、「ランチ」ならエリアを指す単語、あるいは、「牛丼」「ラーメン」などジャンルを指す単語と組み合わせ絞り込んだ形で上位を狙うことになります。

編集者としては、記事の面白さに加えて、見出しにおいてSEOに有効とされるテーマ設定と単語の選び方が求められます。

また、サイト自体の検索順位をあげるためには、一定の本数の記事が必要になってくるので、予算に見合った制作体制なども整えなければいけません。同時に、行き過ぎたSEO対策は、「WELQ問題」と同じトラブルを引き起こすリスクがあり、宣伝目的の施策とは逆効果になることも気をつけなければ

いけません。

　SNSでの拡散では、もともとフォロワーの多いインフルエンサーを活用した施策などが有効です。ただし、記事にインフルエンサーを起用する場合、宣伝目的であることを隠した投稿や記事だと判断されると「ステマ」（ステルスマーケティング）として炎上の原因になりかねません。また、人気のあるインフルエンサーの費用は高額になります。

　SNSでの話題作りを優先するあまり、不快と捉えられる表現を使ってしまうケースもたびたびあり、注意が必要です。

　オウンドメディアの業務をメディア企業が受注するパターンも増えており、その際には編集とビジネスを切り分けるファイアウォールにも気をつけなければいけません。

企画から記事公開までの流れ

企画を決める3つのポイント

　記事が生まれるためには、まず企画が必要です。

　企画が決まる要素は主に3つあります。①「メディアのコンセプト」②「Web
での読まれやすさ」③「その時のトレンド」です。

①メディアのコンセプト

　メディアのコンセプトは、言い換えると、「自分たちがやりたいこと」「伝
えたいこと」でもあります。これが揺らぐと、メディアの土台が不安定にな
ります。特に連載のような、一定期間続くような企画の場合、スタート前に
何度も「メディアのコンセプト」に立ち返ることが大事になってきます。

②Webでの読まれやすさ

　記事を出しただけではメディアの役割は果たせません。特に、無料広告モ
デルでは、定期購読者のように読んでくれる保証がないままWebに記事を
世に出すことになります。そのため、配信する前に、どうやったら読まれる
のかを考え抜いて、アップしなければいけません。

　大事なのは、たくさんあるWeb上の指標から、どれをゴールにするかを
事前に決めておくことです。目標がないまま配信するとフィードバックのし
ようもありません。ゴールはPVだけではありません。SNSのシェアや、特
定のユーザー層へのリーチなどもゴールにすることができます。PVだけに
目標を絞ると、他メディアの記事と似たものが多くなり差別化が難しくなり
ます。他の企画とのバランスを考え、その企画ならではのゴールの目安を事
前に固めておくことが重要です。

③その時のトレンド

　人々の関心を集めやすい最新の事象という意味では「Webでの読まれやすさ」につながる要素です。例えば経済メディアであっても「オリンピック」が盛り上がっている時期は、「オリンピック」を盛り込んだビジネス視点のニュースを出すことで、多くの人の関心に応えることができます。

　しかし、同じ「オリンピック」でも、開催中止の声が大きくなった時に、開催決定時と同じ方向性で記事を出してしまうと読者の感覚とずれたものになってしまいます。

　そのほか「ジェンダーバイアス」への問題意識の盛り上がりなど、時代の変化によって生まれる関心事や問題意識をキャッチアップすることは「メディアのコンセプト」をブラッシュアップしていく上でも重要になります。変化の激しいWebの世界では、「メディアのコンセプト」自体、常に変えていく必要があるからです。

記事が公開されるまでの10ステップ

　Webメディアの企画の多くは「誰かに話を聞く」、つまり取材を通して得た情報を記事としてまとめるものになります。取材は一般的に以下の流れで進みます。

⑴取材先探し
⑵企画書送付
⑶アポイント入れ
⑷取材場所、時間、写真（動画）撮影などの調整
⑸取材と撮影
⑹記事の編集
⑺補足取材と取材先への確認
⑻配信日の確定、取材先への連絡
⑼配信
⑽取材先へのお礼、PVなどの分析

　それでは、⑴〜⑽を順番に、ポイントを確認していきましょう。

⑴取材先探し

　企画書に基づいて話を聞く人、訪れる場所などを決めていきます。この時点で大まかな費用なども把握します。また、企画書になる段階で「メディアのコンセプト」に基づいて練られた内容になっている必要があります。

　さらに必要なのは、「Webでの読まれやすさ」を想定した切り口です。その際、あらかじめ記事のタイトルを考えておくと、記事のポイントを把握しやすくなります。これは仮の状態ですので、取材の後に変更しても構いません。事前にタイトルのイメージを考えることで、読者の視点に立ってその記事を読んでもらえるかのテストをすることができます。

　例えば、「Yahoo!ニュース」で、似たようなタイトルを入力して他メディアの記事を探してみることは、自社の記事の希少性を高める上で重要です。自社のメディアにとって新しい情報でも、ネット空間では既報になることは多々あります。

　タイトルを事前に考えることで、事前のリサーチができ、たとえ同じ人物やテーマについての取材でも、アプローチを変えて新しい情報として発信することが可能になります。

⑵企画書送付

　取材先に企画を説明します。その際、企画書を求められることが多いので、事前に用意するとスムーズに進みます。一般的な企画書には以下の項目を記します。全体としてA4で1枚にまとめると読みやすくなります。

・企画趣旨

　企画の内容を簡潔にまとめます。可能なら100文字程度がのぞましいです。

・掲載媒体の説明

　初めてコンタクトを取る相手には特に大事になります。メディアのコンセプトと読者層、公開できる範囲でPVやUU、SNSのフォロワー数などを記載します。それらのデータを通じて、掲載されるメディアが、取材相手が発信したいことや日頃の活動に役に立つ存在であることを伝えます。

・掲載時期

　「〇月下旬ごろ」など、広めに伝えておくと配信計画が立てやすくなります。

・取材の希望時期

　取材相手からの希望がなければ、10時から18時ごろまでのビジネスアワー

に取材するのが一般的です。

・取材場所

　取材先が指定してくることもありますが、あらかじめ自社の会議室などを用意できることを伝えます。特段の事情がなければZoomなどを使ったリモートでの取材の可否も事前に伝えます。

・謝礼の有無

　特にフリーで活動している人を取材する場合、本人から問い合わせをもらう前にメディア側から謝礼の有無とおおよその金額を伝えると、交渉が進みやすくなります。

　謝礼が出せない場合、書籍の紹介など記事の内容に影響しない範囲で、取材相手の活動を伝える要素を入れられるかどうか、事前に整理しておくとよいでしょう。

・ライターやカメラマンの紹介

　テーマに詳しい専門性などがあればその旨を伝えて、安心して取材を受けてもらえるよう心がけます。

・連絡先や締め切り

　日中、対応できる連絡先を入れます。携帯電話に加えてメールアドレスも必要です。また、取材を受けるかどうか取材相手が検討する場合は、取材の可否について返事をもらう締め切りも入れます。通常、記事執筆に早くても1週間はかかります。また取材相手の確認が必要な場合には、さらに1週間以上は必要です。その後のページ制作などを考えると取材から配信までは約1カ月は見た方がいいでしょう。取材依頼の回答も、そこから逆算して設定します。

⑶アポイント入れ

　まとまった編集部がないWebメディアの場合、ライターやカメラマンは外部の人に頼むことになります。取材テーマに合わせて仕事を発注します。アポイントを編集者が入れる場合、ライターとカメラマンの都合のいい日程を把握した上で取材先と交渉します。

　企業の場合は、広報が窓口になります。タレントは事務所になります。これまで接点がないところの場合、サイトを通じて申し込むこともあります。最近ではTwitterアカウントなどに連絡先のメールアドレスを明記している

人もいます。また、TwitterやInstagramのDM（ダイレクトメッセージ）で直接、やり取りすることも増えています。

⑷取材場所、時間、写真（動画）撮影などの調整

取材日時に合わせて取材場所などを確保します。一般的な取材時間は1時間程度が多く、それよりも時間がかかる場合は事前に伝えます。取材相手がタレントの場合、15分程度しか取材時間が取れないことも少なくないので、1時間より短くても大丈夫な場合、その旨伝えます。

また、タレントの撮影の場合、メイクなどをするための控室や会場入りの動線なども確認する必要があります。取材相手次第ですが、関係者用の出入り口や、一般の人と会わない場所にあるお手洗いなどを求められる場合もあります。社内にそのような設備がない場合、レンタルスタジオなどを使うことになります。撮影の段取りについてはフリーで活動しているカメラマンが詳しい場合もありますので、現場の進め方について情報をもらいながら決めていきます。

⑸取材と撮影

必要に応じて編集者が立ち会います。事前に用意した質問に沿って話を聞いていきますが、相手が盛り上がった時などは、臨機応変に対応することで思ってもいない話を聞けることがあります。

特に具体的な言い回しや表現などは、その場にいる取材者しか知り得ない情報になります。取材に立ち会える場合は、記事や見出しに使えそうな要素としてメモをしておきます。

ライターの取材が終わった後、補足の質問をする時間を用意してもらうよう伝えておくと、ライターが聞き漏らしたことをカバーすることができます。

⑹記事の編集

ライターが書いてきた原稿を編集者がチェックします。編集者として気をつけるべき要素としては以下が挙げられます。

・全体の構成が企画の趣旨に合っているか

ライターは1本の記事に集中するあまり、自分の得意分野や、取材時の印象的な場面に引っ張られることがあります。編集者としては俯瞰した立場で、

当初の企画とずれていないか、1本の記事として過不足ない情報が盛り込まれているか、取材現場を知らない読者にも伝わる書き方になっているかを確認します。

・他の記事とのバランス

特に、初めてそのメディアに関わるライターは、媒体のコンセプトに慣れていない場合があります。1本の記事では成立していても他の記事と違う書き方になると、統一感がなくなります。「ですます調」なのか「である調」なのかという文体や、文字数、写真の使い方などは編集者として調整する必要があります。

・表記の揺れ、誤字脱字の確認

誤字脱字は、記事の信頼度に直結します。専門の校閲者がいない場合は編集者が兼ねることになるので、ライターまかせにせず、編集者が入念にチェックをします。ワードなどのソフトに入っている校閲機能でも最低限の確認はできます。

・見出し、写真の選定

見出しにどんな要素をとるかは、Webメディアの編集者として一番の仕事といっていい場面です。その記事の見出しに気づいてくれないとクリックもされません。読者の立場になって、クリックしてみたくなるかをまず考えます。場合によっては、ライターが希望する見出しと違うものになるかもしれません。あるいは、取材相手が希望する要素が見出しに入らない可能性もあります。

それぞれの考えや立場を調整しながら、最後は読者の気持ちになって決断を下すことは、編集者にしかできない仕事だといえます。同じように写真も記事をクリックするかどうかを左右する重要な要素になります。

ライターや取材相手に配慮しながらも、まず、クリックしてもらうということを考えつつ、媒体として大切しているコンセプトに沿ったものに決めていかなければいけません。

・Webページ作り

ページを作りながら、改行など微調整をしていきます。編集部によっては、ページを作る専門のチームがいる場合もあります。実際に手を動かす作業をしなくても、編集者としては読者目線になって読みやすい構成になっているかをチェックします。特にスマホで見た時の体裁は必ずチェックします。

⑺補足取材と取材先への確認

　取材後に足りない情報を確認します。ライター経由でしてもらう場合もあります。取材先から配信前に記事内容の確認をしたいと求められる場合もあります。媒体によって対応が変わりますので、できない事情がある場合は、事前に取材相手とすり合わせておくとトラブルが避けられます。女性タレントの場合などは、写真のカットの指定や、補正をお願いされる場合もあります。この点もどこまで対応可能か、事前にすり合わせておくとよいでしょう。

⑻配信日の確定、取材先への連絡

　他の記事とのバランス、平日、土日祝日、通勤時間帯か夜かなどを考慮した上で配信時間を決めます。

　一般的に、人の動きが多い平日の方がビューは高くなります。一方、メディアのコンセプトによっては週末や、何かのイベントにあわせて発信する方が効果的な場合もあります。

　時間帯としては、朝の出勤時、昼休み、夕方の帰宅時、寝る前といった時間がピークになりやすいです。通勤時は速報ニュースのようなコンパクトな記事が好まれ、寝る前はブログのような長めの文章が読まれる傾向があります。

　配信日を考える上で大事なのは、競合の有無です。例えば紅白歌合戦のような番組は、終了後に必ずどこかのメディアが記事を出します。それを見越して、同じような情報が集中する時期や時間帯はなるべく避けたり、別のアプローチで取り上げたりするなど、読者に気づいてもらえる確率を上げる工夫をします。

⑼配信

　配信後は記事の反応をチェックします。SNSなどで偏った意見がつく、いわゆる「炎上」になっていないか、また事実関係への指摘などがないかについて、配信から2、3時間くらいの間は反応を見ておくと、何かあった場合の対処がスムーズになります。「炎上」のような状態になった場合、すぐに対応を取ることで拡散を防げることがあります。リツイート数など流入経路にも目を配ります。

⑩**取材先へのお礼、PVなどの分析**

　取材先へは配信直後に丁寧なお礼とともに配信の連絡をします。その時に記事内容について、取材先がメディア側の想定しない反応（不満や批判などの表明）をSNSなどで示していたら、すぐに対応をします。

　また、UUやSNSのシェアなど当初、掲げた目標に達しているかを検証します。たとえ結果が伸び悩んだとしても、それを次につなげていくことが大切です。

　記事についたコメントなど定性的な反応にも目を配ります。たとえ1通でも耳の痛い指摘があれば、それは次のコンテンツにいかせる大事なヒントになります。

※その他の注意点

　企画によっては、特定の場所を訪れるだけで完結するものや、特別な取材は必要ないコラムのようなスタイルもあり、企画ごとに適宜組み合わせを変えて臨みます。また、外部の人に仕事を頼む場合、著作権の帰属などについてもあらかじめ話し合っておきます。フリーライターの場合は、著作権は基本的にライターに属しますが、契約書を定めることでメディアを運営する会社のものにすることもできます。写真や動画も同様です。

　フリーのライターと仕事をする場合、記事の署名には配慮が必要です。ライター自身がメディアに近い存在になるのがWebメディアの世界です。配信された記事が、ライターの新しい仕事につながるきっかけになることは少なくありません。署名が入ることでライターによる記事の拡散のモチベーションは高まり、それはメディアにとってもプラスに働きます。

　万が一、ライターなど仕事上のパートナーとの関係が悪化すると、SNSなどでメディアに対して思わぬ評価が生まれてしまうこともあります。対等な仕事仲間という意識を大切にすることは、編集者としてきわめて大事な態度であるといえます。

読ませる見出しの立て方

見出しの重要性

Webメディアの記事において、見出しは最も大事な要素です。見出しの文言を考える際に押さえておきたいのが、Webにおける情報流通の仕組みです。

紙メディアの場合、新聞紙面や雑誌のように、1つのパッケージとなって何十本、何百本もの記事がユーザーに届きます。一方、Webメディアの記事の場合には、それがWebサイトであっても、アプリやSNSのタイムラインであっても、多くの場合、記事が1本単位で流通します。

記事がバラバラになり1本単位になると、メディア側が設定したレイアウトや紙面構成といった要素が失われます。

例えば、新聞や雑誌の場合、記事のニュースバリューを、見出しの文字の大きさや紙面上の配置などのレイアウトで表現することができます。しかし、Webの場合では、ベタ記事と呼ばれる小さな記事も、トップの記事も同じ体裁で流通することになります。

様々な媒体から発信された記事が、Webという共通の舞台に無数に集まっているのは、Webメディアの記事に課せられたルールです。このように、媒体の"こだわり"がそぎ落とされたWeb空間の中で、記事の特徴や重要性を訴求するために重要なのが、見出しなのです。

ニュースプラットフォームなどの環境によっては表示されない場合がある写真や動画などと比べると、見出しはテキストなので、汎用性の高いシンプルな情報であり、自社サイトから検索サイト、SNSのタイムラインにまで必ず表示されます。

Yahoo!ニュースの見出しはなぜ14.5文字なのか？

　見出しで重要なのは、最初の数文字です。スマホの環境を考慮すると、5文字程度といわれています。Twitterのタイムラインのように、様々な情報が絶え間なく流れる環境において、表示された記事をクリックするかどうかの判断を、ユーザーは数秒のうちに繰り返しています。その際、目に入るギリギリの文字数が5文字程度なのです。

　このように、Webメディアの記事の見出しにおいては、瞬間的な視認性と、記事の内容を反映させる要素の2つを両立させる必要があります。「Yahoo!ニューストピックス」では長い間、「13文字の見出し（半角含めて13.5文字）」を採用していました（2021年4月からは正確さを重視するため、14.5文字に変更）。「Yahoo!ニューストピックス」では、さらに以下のような工夫が施されています。

- ●「なぜ」「理由」「わけ」といったワード
- ●読み手の感情を揺さぶるワード（激怒・謎の・珍事・批判殺到）
- ●ニュースへの反応（場内あ然・まさか・衝撃）

クリックさせる見出しのテクニック

ワンイシューに絞る

　数秒の戦いにおいては、見出しに採用する情報の取捨選択の判断が重要になります。物理的制限のないWebでは、見出しの文字数も自由です。しかし、瞬時にユーザーの心に残るためには、あえて情報をそぎ落とし、ワンイシューで見出しを作ることも必要になってきます。

　例えば、記事本文には複数の著名人の話が入っていても、1人の著名人の名前だけを見出しに取ることで、記事の輪郭がより明確になります。

　逆に、Webサイトによっては50文字以上のあえて長い文字数を採用しているところもあります。「○○な姿にキュンとくる」「うなずくしかない」など、編集部の"意訳"をつけて文字の塊としてインパクトを狙う手法もあります。

カギカッコ「」を使用する

　ユーザーの行動履歴にもとづいてパーソナライズされ、自分仕様の情報で埋め尽くされているWebサービスの中では、不特定多数の人に読んでもらおうとするWebメディアの記事は、ユーザーに関係ないものとして判断されがちです。

　そこで、「ユーザーにとって関係がある」と思ってもらうために有効なのが、カギカッコ（「」）の言葉です。記事中の発言を効果的に取り込めば、その見出しはユーザーと記事を結ぶ接着剤として働きます。自分には直接的には関係がない事件や事故であっても、ユーザーが普段から使っている話し言葉があることで距離を縮めることができます。

「？」や「！」、「…」などの記号を効果的に使う

　サイトのポリシーによって判断は分かれますが、「…」や「！」「？」などの記号を使うこともあります。これらは、少ない文字数で様々な情報を表現でき、便利です。

　例えば、「…」は、余韻を表しますが、その後に起きるであろう場面を想起させることができますし、「！」は一義的には驚く様を表しますが、その言葉にやわらかい雰囲気をもたせる文脈でも使えます。

　ただ、これらの記号は使いすぎると"インフレ"を起こすので注意が必要です。基本的に誰かに伝えたいものには「！」がつきますし、「？」の状態で情報を出すのは不誠実と思われるからです。

見出しの「余白」を大切にする

　見出しにおいては余白も重要です。ユーザーが瞬間的に理解しにくい見出しは不利になります。そこで、見出しに漢字が多い場合にはあえて平仮名にする場合があります。

　また、カギカッコは本来、誰かの発言であることを示す記号になりますが、見出しにおける余白を生む道具として使う場合もあります。

　例えば、〈2メートル離れて読むと「粋な文字」2年目社員が発案〉という記事では、見出しとなっている「粋な文字」は特定の誰かの発言ではなく、話題になった事象を一言で表すものとして、他の文字に埋没させない工夫としてカギカッコを使っています。

目に止まる写真の選び方

目を引かせる「画像」とはどんなものか？

　見出しの次に大事なのは、画像です。文字で表現できる情報には限界があり、画像で伝えられる情報量にはかないません。

　ここで思い出してほしいのは、ユーザーは「記事をクリックするかどうかの判断を数秒で繰り返している」というWeb世界のルールです。

　その点は、画像も同じです。記事内容を的確に伝える編集が施されていれば、効果的にクリックをしてもらうことができます。

　例えば、「トランプ大統領」という事実を伝えるためだけなら7文字で事足ります。一方で、「支持者から熱狂的に迎えられるトランプ大統領」という表現には21文字が必要です。写真ならこれを1枚で伝えることができます。

　さらに、「満足そうな笑みを浮かべるトランプ大統領」「メラニア夫人の肩に手を寄せるトランプ大統領」「お揃いの帽子をかぶっている支持者に手を振るトランプ大統領」などの情報を、文字を使わず伝えられます。これらを見出しに取ろうとすると、すぐに制限の文字数を超えてしまうでしょう。

　Web記事で重要なのは、クリックされる前の状態で、どこまで記事の内容を伝えられるかです。見出しはもちろんですが、Webの構造を考えると、編集のテクニックは画像の使い方においても求められます。

　写真で表現しにくかったり、直接関係する画像が手元になかったりする場合には、イメージ画像を使うことになります。例えば、ランチに使う金額について伝える記事ならば、弁当箱などの画像で記事の内容を視覚的に伝えることができます。

　撮影まで手が回らない場合、ストックフォトサービスから画像を入手します。ストックフォトサービスで「子ども　登校」などと打ち込んで検索する

と、ランドセル姿の子どもが校門に入る瞬間の写真などが出てきます。

　ただし、ストックフォトサービスは、記事に出てくる人物や事象そのものの写真ではないため、顔が判別できるようなカットは避けるのが無難です。ユーザーを勘違いさせるだけでなく、記事と関係のないモデルに記事の雰囲気が左右されてしまうからです。その他、無料で使えるサービスは多々ありますが、予算などの条件が許すなら、なるべく有料のサービスを使うべきでしょう。

　画像は情報量が多いだけに、クオリティの差も一目瞭然で現れます。無料サービスは短期的にはコストを抑えられるかもしれませんが、中長期で考えるとサイトが"安っぽく"なり、付加価値を生みだしにくくなります。

　他人に権利がある画像には、特に注意しなければいけません。ネットの話題などを取り上げる際、他人が撮影した画像を許諾なしで使うのは、著作権の侵害に問われかねません。明確な法律違反ではなくても、投稿主からのクレームがネットで拡散すると、Webサイトの信用に関わります。

▌写真は「端末（デバイス）に合わせる」

　写真には縦長と横長、正方形など様々な形があります。ケースバイケースですが、横長の写真を用意しておけば基本的には間違いありません。なぜなら、Webメディアの画面は、基本的に縦スクロールだからです。読む方向の特性は、特に紙メディアとの違いとして様々な場面で現れます。

　Webの記事の読み方はそのほとんどが「上から下」です。それは横幅が固定されている環境ともいえます。そのため、ポータルサイトをはじめ、多くのWebサイトのトップページでは、写真は横長で指定されています。

　どうしても縦長の画像を使わないといけない場合には、左右に余白を作って使うこともできます。アート作品など使用制限がある場合は仕方ないですが、余白は、コンテンツの中身を画像情報で伝える貴重なスペースの「無駄遣い」ともいえます。なるべく与えられたフィールドを目一杯使うことを心がけると、おのずと画像は横長になっていきます。

　ユーザーに情報が届く際に使われる器を「端末（デバイス）」と呼びますが、画像の使い方を考える場合、「デバイス」の存在は重要です。

　旧来では、「デバイス」とメディアが直接、結びついていました。つまり、

新聞なら新聞紙、テレビ局ならテレビ（受像機）が対になっており、新聞紙にテレビ放送は流れませんし、テレビに新聞紙を映すことはありませんでした。

ところがWebメディアになると、様々な「デバイス」に対応する形で情報を発信しなければいけません。なぜなら、同じ記事が、PCやスマホ、タブレットなど、別々の「デバイス」に届いてしまうからです。

さらに同じ「デバイス」内でも、Web記事は異なる現れ方をします。自社のWebメディアなのか、ニュースプラットフォーム上なのか、SNSのタイムラインなのか、「デバイス」との掛け算で考えると、その選択肢は無限にあります。

そのため、想定される最も小さな表示に合わせて画像を選択することが最適解になります。最も小さな表示領域でどんな画像かがわかれば、他の場所でも、画像としての役割を果たすことはできます。

クリックされた前と後を使い分ける

また、小さな画像を使おうとすれば、必然的に（拡大した）「寄りめ」の画像になります。ここでもWeb記事の特性を考える必要があります。たとえ、「寄りめ」の極端なトリミングをしたとしても、クリックした先の記事に本来のノートリミングの画像をつけることは可能です。

紙メディアなどではあり得ない画像の使い方になりますが、Web記事なら、「クリックされる前」と「クリックされた後」で柔軟に世界観を使い分けることができます。逆にいうと、通常、作業しているのは「クリックされた後」だということは常に自覚しなければいけません。

新聞や雑誌なら、その媒体を購入した時点で、記事に目を通すことが約束されています。

しかし、Webメディアの場合、目に入ることと読むことは別です。これは指標でいうと「インプレッション（画面に表示された回数）」と「ページビュー（クリックされた回数）」として厳密に区別されます。こうした、Webメディアの構造を理解することで、画像の効果的な使い方が見えてきます。

読まれるための文字数・改行

「疲れない」「最後まで読める」文字数

「クリックされた後」の世界で大事になってくるのが、文字数です。

　Webメディアで一般的な無料モデルの場合、ユーザーがメディアに対して払うのは、時間と行動履歴などのデータです。特に、数秒ごとに新しい情報が更新されるWebの世界で、常に気にしなければならないのは時間です。

　ユーザーは、「自分の限られた時間をどこに使うのか」を瞬間的にジャッジしています。「ヒートマップ」という技術でユーザーの読み進めた位置を調べると、たいてい逆三角形になります。

　つまり、スクロールをして下に行くほど、ユーザーは減っていきます。この逆三角形を長方形に近づけるために大事になるのが、文字数と文字の配置です。

　最適な文字数は、記事の種類やメディアのコンセプトによって変わってきますが、一般的に、ユーザーが「疲れない」「最後まで読める」文字数は2500文字程度だといわれています。

　ただし、この基準はデバイスやサービスの変化によって、今後どんどん変わる可能性があります。

　現在Webメディアの主戦場となっていて、PCと違って表示領域が小さいスマホで気をつけたいのは、画面の埋まり具合です。改行がまったくなく、文字列が画面を埋め尽くしている画面を想像すると、読む気がしなくなります。

　PCの場合、左右に広告や他の記事を紹介するナビゲーションなどのパーツを入れて、ユーザーの目を飽きさせない工夫はできます。

　しかし、スマホはそうした表示をすることが難しいので、「クリックされた後」の世界にユーザーが入ると、視線の移動が上下のスクロールだけで完

結します。

　文字と文字の間に広告やリンクを挟むこともできますが、それも通常は改行がなければ表れません。そのため、書籍やPCよりも、記事を作る際には改行を意識する必要があるのです。

　サイトのデザインにもよりますが、1文ごとに改行をしてもスマホ画面では違和感はそれほどありません。このとき大事になるのは、配信前のスマホビューでの確認です。

　編集作業はたいていPCで行われるため、プレビューもPCでチェックしがちです。

　しかし、多くのWebメディアはスマホからの流入が多くを占めているので、PCでの見た目は「あくまで作業用に使っている」くらいに考えるべきです。

▍文字を「塊」としてとらえる

　適切な改行を入れた上で考えたいのが、文字の「塊」です。

　目安としては、だいたい100文字程度の1文を5本くらい集めて、1つの塊を作ります。これなら、横幅の狭いスマホでも、1回のスクロールで「塊」1つ分の表示を完結させることができます。こうすることで、視覚的な読みやすさと、意味的なわかりやすさを両立することができます。

　記事の中に入れるビジュアル素材を生かすため、「塊」1つ分に対して、1枚の画像を目安につけていきます。

　例外として、連続写真などのように、1つの「塊」の中に、複数の写真を続けて配置することもあります。逆に、インタビュー記事の場合は、文字列を読んでもらいたいので、画像は少なめになります。

　例えば、アーティストが自分の気持ちなどを話している場面では、文字だけで一気に読ませた方が読者の体験を邪魔しません。

　まとめると、「塊」5個分（500文字×5本）ほどで、2500文字の記事を基準に構成していくとよいでしょう。

　記事内での文字数と文字の配置で意識したいのは、ユーザーは記事を「読んでいる」のではなく「見ている」ということです。

　ユーザーのスマホ画面には、個人の行動履歴に基づいてリコメンドされた

情報の中から、さらに一定数のユーザーに読まれた実績のあるものが押し寄せています。いわば「予選突破」してきた情報たちです。

クリックしたくなるような膨大な"強者たち"の情報を前に、ユーザーは集中力を奪われ続けています。その情報を丁寧に「読んでいる」時間がユーザーにはないのです。

文章の「見た目」が大事な背景には、Webの世界に起きている「情報のフラット化」があります。

ユーザーの目に映るものには、個人が発信している情報も含まれます。その中には、読まれることだけを優先した過激なタイトルや画像も少なくありません。

以前であれば、そういった情報とメディアの情報は、物理的に遮断されていました。

例えば、書籍を製版して書店に配本できるのは出版社に限られていましたし、チラシを消費者の手元に届けることができたのも、印刷所で業務用の印刷機を使うことができる人たちに限られていました。

一方、Webではあらゆる人が発信手段を持っています。しかも、その発信力は「読んだ結果」というよりは「目に入った結果」が重視されるWeb上の指標で測られているのです。

■ メディアにとっての指標とは何か？

本来、Webメディアにとって、記事を最後まで読んでもらうことは重要なことです。そのため、これまで重視されていたPVやUUなどのWebの指標に加えて、「どのように読まれたか」まで測ります。

そのときに役に立つのが、「記事ページをどこまで読んだか」という「読了率」、「ページを訪れた人のうち、何人が何分何秒で別のページに移動したか」という「滞在時間」や「離脱率」などです。

これらの指標に、ユーザーの年代や性別、職業などを組み合わせると、貴重な行動履歴となり、それ自体が商品になることもあります。

さらに、一般的なWeb記事では、記事の末尾に関連情報へのリンクが用意されています。

そこからページ内の他の記事を読んでもらうことを「回遊」といい、「ユー

ザーがそのWebメディアをどこまで熱心に読んでくれているか」を測る大事な物差しになります。

　またオウンドメディアの場合には、本業に直接関係する商品情報を関連リンクに載せたり、ECサイトへ誘導したりする場合があります。

　記事をきっかけにして別の行動をユーザーに促すことを狙ったコンテンツの場合、記事の途中で離脱されてしまうと、貴重な機会を逃すことになってしまい、そもそも記事を配信する意味がなくなってしまうほどの痛手となります。

動画の効果的な使い方

何のための動画か

　紙メディアの世界からすると、Webならではの表現手法といえる存在が、動画です。テキストの記事に1分間滞在していればかなり集中してくれたといえます。しかし、動画に対しては、うまくいけば少なくとも数分、長いものなら10分以上も、1つのコンテンツにユーザーが時間を費やしてくれるのです。

　ただし、動画には気をつけたい点がいくつかあります。

　まず、①動画単体で勝負するのか、②テキストと組み合わせて勝負するのかで、ゴールが変わってきます。

①動画単体で勝負する

　ユーザーの視聴環境によって動画の見られ方が左右されます。例えば、音を出せない状態の人もいれば、スマホの画面を見続けられない状況の人もいます。また、データ量の料金が気になる人もいるでしょう。

　そういったすべての環境をカバーすることはできない以上、"どんな状況"にいるユーザーに届けたいのかを絞り、そのシチュエーションに合わせた尺（長さ）や内容にする必要があります。

　朝の忙しい時間帯に10分以上の動画に集中してもらうのは困難な一方、お風呂に入った後の午後10時以降であれば、ある程度長い時間でも動画を見て過ごしたいと思う人も増えてきます。

　テキストにおいても時間帯は大事ですが、視聴環境による影響が大きい動画の場合だと、さらにこの見定めは重要です。

　動画単体でたくさんの再生回数を目指す場合、YouTubeは避けて通れませんし、そこに流す以上は、その世界でのルールを意識する必要があります。

YouTubeでたくさんの再生数を誇るYouTuberは、日常をそのままに近い形で流したり、お金や自身のコンプレックスについて赤裸々に披露したりと、個人の顔で勝負しています。

　そうやってユーザーの関心を集め、密接な関係を築いた結果、膨大な再生回数を得ることができています。それは「教室の人気者」をネット上で共有している状況ともいわれます。

　Webメディアとしてのチャンネルを作っても、あくまで組織を主語にした発信がメインになるので、YouTuberと同じ手法は取りにくくなります。そうした場合でも、「中の人」を登場させたり、メディアをモチーフにしたキャラクターなどで擬人化したりしたチャンネルを作ることはできます。ただ、"本職である"YouTuberをライバルにどこまで迫れるかは冷静に考える必要があります。

　特定のジャンルに特化することも有効ですが、美容やグルメなどのジャンルは、YouTuberがすでに個人として看板にしている場合が多いので、YouTubeでの再生回数やチャンネル登録者数を増やすには、Webメディア自体がそのジャンルで一定の存在感を発揮している必要があります。

　このように、動画だけで勝負する世界は、かなり独特だということを忘れてはいけません。「通常のWebメディアとは違う場所であることを自覚し、どこにゴール設定を置くか」を考える姿勢が編集者に求められます。

②テキストと組み合わせて勝負する

　記事の中に、画像と同じようなビジュアル素材の1つとして動画を埋め込むこともできます。この場合、ユーザーは必ずしも動画だけを見ようとは思っていないので、純粋に記事の魅力で勝負することになります。

　ユーザーが動画を目的にしていない以上、動画の再生ボタンを押して視聴し続けてもらうのはむしろハードルが高いともいえます。スマホだとスクロールで簡単に飛ばしてしまえるからです。さらに、動画は短い尺のものであっても制作コストが高くなりがちです。撮ったままで出せるものもありますが、基本的には一手間かける必要があります。

　長い時間カメラを回してそこから必要な部分を選ぶだけでもかなり時間がかかります。さらに、そこにテロップや効果音を加えていくと作業量、費用がどんどん増えてしまいがちです。

トラブルを避ける
著作権・引用の基本

テキスト引用の考え方

　著作権についての知識は、編集者にとって大事です。特に、Webの世界で議論になりがちなのが引用です。

　引用は法律的に認められた行為です。著作権を持っている人の同意がなくとも、その記述の一部を自分たちの記事に使用できます。一般的に、以下の3つの要件を満たせば、著者の了解がなくても使うことができます。

（1）引用部分がカギカッコや注釈などで、本文と明確に区分されている。
（2）本文の分量が引用部分を大きく上回るなど、量的にも質的にも本文が「主」、引用部分が「従」の関係になっている。
（3）どこから引用したか出典を明記する。

　この要件は、著作物全般について適用されます。その上で、Webメディアにおいて問題になることが多いのが、（2）の要件です。

　様々なメディアの記事を集めて1つの記事を構成するような「まとめ記事」の場合、大部分が他人の著作物という形になり、引用とは認められない可能性が高くなります。いわゆる「パクリ」といわれる記事です。

画像引用の注意点

　また、Webではデータのコピーが容易であるため、画像の盗用も頻繁に起こります。

　この場合によく見られるのが、出典元を明記しリンクを貼った上で、画像を使用するパターンです。しかし、これだけだと要件の（3）しか満たして

いることにならず、「主従関係」である（2）を逸脱すると見なされる可能性があります。

「主」に記事で伝えたいものがあり、そのために「従」としての画像を使う場合において、初めて引用の要件が満たされるからです。

また、サイトのデザインなどで、あたかも自分たちで用意した素材であるように画像を表示させれば、（1）も守られていないことになります。

法律的な議論とは別に、Webの世界では盗用に対して厳しい目が注がれていることを意識する必要があります。特に画像はそれ自体で完結する商品であるため、同意なく使われた側からすると、ほとんどのケースで盗用と見なされます。

しかも、その批判はSNSなどを通じて可視化されます。商業メディアを運営する上で、著作権にルーズであることが印象付けられることは、媒体自体の信頼性の根幹に関わる問題になりかねません。

無用なトラブルは避けるため、タレントやアニメの画像は許諾の手続きを丁寧にし、仮に記事公開のタイミングに素材の用意が間に合わない場合には、イメージ画像やイラストなどでカバーするなどの対応が求められます。

● 引用文と引用元

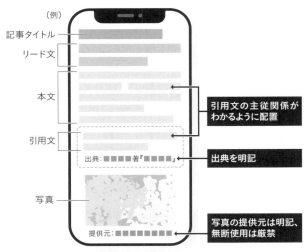

SNS引用の落とし穴

「Webならでは」の注意点として、SNSの引用があります。各SNSには、Webサイトに埋め込むためのコードが用意されています。

そのコードをコピーして自分たちのページに貼り付ければ、Webサイトを開くたびにリンク先にあるツイートが表示されるようになります。

埋め込みコードを使えば、投稿が削除されるとWebサイトに埋め込まれた投稿も見えなくなります。引用元のアカウントを関連情報へのリンクとして使用できるだけでなく、削除など最新の状態を自動的に反映させることができます。

ツイート元が削除することで責任があいまいになる場合は、あえてスクリーンショットによる画像を"証拠"として使う場合もあります。

ただし、TwitterやInstagramを使用している多くのユーザーは、規約の細かいところまで意識しているわけではありません。そのため、商業メディアとしてSNSの投稿を使用する場合は、投稿主の了解を得た方が無難です。

特に、タレントや政治家ではない一般の方のツイートを埋め込みコードによって引用すると、記事が拡散した場合、思わぬ影響を投稿主に与えることになります。

記事がきっかけとなり、誹謗中傷が投稿主に来るようなことになれば、メディアが直接関係していなくても、対応せざるを得なくなります。

誰でも見られるSNS上の投稿とはいえ、一般のユーザーはほとんどの場合、親しい人同士のコミュニケーションの場として使っています。特に未成年の子どもに関係する投稿の場合、メディアとしての関わり方は慎重に判断しなければいけません。

なお、記事や画像の盗用は、自分たちのメディアの側が被害者になる場合もあります。放置しておくと、取材の成果が横取りされるのみならず、誤った形で拡散し、ネット上に残ってしまうリスクがあります。

盗用の被害を発見した場合は、まずサイト運営者へ連絡して削除するよう求めます。対応が進まない場合は、プロバイダに連絡をし、発信者情報開示や訴訟などに進む場合もあります。

報道機関のニュース記事

速報性とリアルタイム性の考え方

　記事の中で最も目にすることが多いジャンルが、速報です。Webメディアは締め切りに縛られずに情報が発信できます。

　その特性を生かして、多くのメディア（特に新聞社や通信社、テレビ局）は速報に力を入れてきました。

　災害や選挙、スポーツ結果などの速報は、「今知りたい」というユーザーのニーズをダイレクトにつかむことができます。

　特に、地震や停電、交通情報など、自分の生活に直接関係するような内容は、どんな情報よりも優先してクリックされます。

　ユーザーのニーズをダイレクトに満たすことができる速報は、発信者としての手応えも感じやすいジャンルでもあります。

　しかし、新聞社やテレビ局のような手厚い取材網や、24時間対応できる編集体制がなければ、十分に対応できないため、参入障壁の高いジャンルでもあります。

　また、速報には、それだけではメディアの希少性を形にしにくいという一面があります。速報はユーザーのニーズが高いぶん、発信元ではなく発信内容に目がいきがちだからです。

　速報を考えるときには、次の展開を意識することが重要です。ユーザーのニーズは刻々と変わっていきます。生まれては消えるニーズに対して柔軟に対応できるのは、Webメディアの強みです。

　例えば、地震について考えてみましょう。発生直後は、「今、自分の周りがどんな状態か」「津波や余震など二次災害の心配があるか」といった情報のニーズが高まります。

その後、そういった状況がある程度わかると、「震源となった場所の被害」や、「通勤や帰宅、停電や断水など自分の生活への影響」といった情報へのニーズが高まり、もし被害が大きければ、「発生直後の対処方法」や「避難場所」の情報を収集する必要が出てきます。

　それから先には、「次への備え」に関心が移り、「スマホのバッテリーを長持ちさせる方法」や、「災害トイレの備え」などの情報にも関心が向きます。

　また、ボランティアに熱心な人なら、「被災地の受け入れ体制」を調べるかもしれません。さらに、倒壊した家屋の写真や映像を見て、「自分の家の耐震性」や、「壊れた場合の補償制度」をチェックしたくなる人もいるかもしれません。

　こういったユーザーの細かなニーズと、自分のメディアの特性を組み合わせて考え、事前に準備をしておくことで、いざという時に必要とされる存在になることができます。

著名人・専門家のインタビュー記事

インタビュー記事とはどんなものか？

　記事中で比較的よく見かけるのが、インタビューです。著名人や専門家に話を聞いて、現在の活動を紹介したり、世の中で起きている事象を解説したりするのが一般的な形です。

　アポを取り、質問を整理し、聞き、録音したものを文字にする。一見、シンプルな工程に見えますが、実は、内容の良し悪しが如実に出るのがインタビュー記事でもあります。

　著名人の情報は誰でも知っているものが多くなってしまうので、どこかで工夫をしなければ見たことのある内容になりがちです。そのため、独自性のある要素をあらかじめ準備しておく必要があります。

　例えば、主演俳優に最新映画の話を聞く場合、ありきたりな質問ばかりすると、パンフレットと大差のないものになってしまいます。

　独自性を考える上で大事になるのは、掲載されるメディアのコンセプトです。俳優の個性と自分たちのメディアに親和性のある部分を記事の要素に取り込むことができたなら、その媒体でその俳優の記事を読む特別な価値が生まれます。

　そのため、外部のライターと仕事をする場合、メディアのコンセプトや企画の方向性は、事前に共有しておかなければいけません。様々なメディアで書いているライターになると、どうしても一般的な最大公約数の要素をおさえた記事になりがちです。

　自分たちのメディアで読む意味まで考えた独自の要素を盛り込むためにも、可能なら取材に同行し、その場で補足の質問などをしていく必要があるでしょう。

　ここで大事なのは、どんな人に読んでもらいたいかを想像することです。

想定する読者が知りたいと思うことを考え、エンタメ、グルメ、旅など取材対象者にまつわるテーマと重ね合わせて聞いていきます。

　読者像をイメージすることは、研究者のような専門家による記事の場合でも有効です。専門家の話をそのまま紹介しようとすると、知らない単語が出てくる読みにくい文章になってしまいます。

　よっぽど関心がないかぎり、知らない専門用語が出てきた時点で、他のもっと面白くて読みやすいコンテンツにユーザーの関心は移ってしまいます。

　そこで事前に、「中学生向け」であったり、「初めて知る人向け」であったり、想定読者を伝えて取材テーマを設定することで、取材対象者と共通認識を持つことができます。

■ インタビュー記事の構成

　次に考えるのは、構成です。よくあるパターンが、聞いた順番をそのまま記事にするケースです。しかし、その場の雰囲気を再現することで、必ずしも読みやすい記事にはなるとはかぎりません。

　とくに、あまり知られていない人を取り上げる場合は、その人の来歴が最初に必要です。一方で、著名人の場合、取材時に印象的な言葉を発した場面から入ることもできます。

　読み始めにおいて大事なのは、ユーザーが「なぜその記事を読まなければいけないのか」を印象付ける要素です。

　加えて、「その記事ならでは」の意外な要素も重要です。一般的なイメージとは異なるような新しい気づきとなる情報を入れることで、ユーザーの関心を途切れなくさせます。

　そして、ある程度、関心をひきつけられたなら、テーマとなる事象の背景説明や、裏話など、深掘りした情報を並べていきます。

　2500文字程度の記事なら、500文字ごとにそれがどんな役割を持っているのかを整理し、「説明パーツ」「意外性パーツ」などのように組み立てていくのも、1つの方法です。

　結果的に、取材時に聞いた順番になったとしても、要素のつながりを意識して考えることは必要となります。

　テーマや取材対象者、取材によって聞き出せた話によって構成パターンは

様々ですが、基本となる型が1つあると、その時に合わせた工夫を施しやすくなります。

　インタビュー記事のフォーマットは大きく分けると、「一問一答形式」と「取材対象者の言葉を記事の中に入れ込む形式」の2つがあります。
　一問一答形式は、取材対象者の人物像そのものが主役になる場合が多く、質問も網羅的に聞いていく形になりがちです。
　記事の作りがシンプルなだけに、多くの人に読んでもらおうとするなら、前述したような、ユーザーを飽きさせない構成が重要になります。
　もう1つの、取材対象者の言葉を記事の中に入れ込む形式の場合には、あらかじめ記事のテーマを絞り込んでおく必要があります。取材対象者の発言を紹介しながら、記事のテーマを解説していきます。
　本来、インタビュー記事は、質問の立て方や記事の組み立て方に準備やテクニックが必要ですが、一問一答形式などは書きやすい記事のフォーマットだと思われがちです。
　そのため、多くのWebメディアでインタビュー記事が配信されています。それは、書き方の工夫を怠ると他の記事の中に埋没してしまう状況でもあるともいえます。
　繰り返しになりますが、インタビューに付加価値をつけるには、「一般的なイメージとは違う要素をいかに引き出せるか」と「そのメディアに登場することで化学反応を起こせるか」が重要になります。そう考えると、メディアの質は、インタビュー記事で測れるともいえるでしょう。

体験を記事にするやってみた系

「やってみた系」はなぜネットで人気なのか？

ネットらしい記事として知られるのが、「やってみた系」です。これは、ライターが特別な体験をする過程を、そのまま記事として発信するものです。

ブログの延長線上にある親しみやすいスタイルですが、商業メディアとして「やってみた系」の記事を手がける場合には、注意が必要です。「なぜそれがネットと親和性があるのか」を整理しないまま形だけ取り入れると、くだけた表現だけが先走り、メディアのブランド価値を毀損することになるからです。

スマホを通してユーザーに届けられる情報は、基本的にパーソナルなものです。ユーザーに関係あるもの、ユーザーが好きな情報しか届かないよう、SNSなどの様々なネットサービスは膨大なデータと開発資金を投じて進化を重ねています。

そうした状況の中で、「やってみた系」の強さは、ユーザーのパーソナルな部分に響きやすいという点にあります。

「やってみた系」に限らず、ネット上の多くのコンテンツにおいて、親しみやすさは大事です。LINEのメッセージからフォロワーのリアクションまで、ユーザーに届く情報は、ある程度距離が詰められた関係において成り立っています。そこに、Webメディアのコンテンツが乗り込むには、まずユーザーが読んでみようと思う関係性を築く必要があります。

親しみやすさを演出する場面で効果を発揮するのが、「発信者側もユーザーと同じ立場になる」というフラットな位置関係です。

何かを教えたり、諭したりする関係が成り立つためには、相当なコミュニケーションと利害がなければ成り立ちません。膨大な情報との一期一会を繰り返すネットの世界で、その関係性を1つのコンテンツのみで構築するのは

まず不可能です。

　そこで、何かを一方的に教えられている気持ちにはならず、「追体験」という形を通して、コンテンツとの間の距離が近くなる「やってみた系」の記事が力を発揮します。

「やってみた系」は、ユーザーの代わりにライターが体験をする構図を取るため、ライターは基本的にはユーザーと同じ立場で、取材を通じて得た驚きや気づきを言葉にします。

　さらに、「やってみた系」は、コンテンツとしての発信力が不足している場合でも、その記事だけが持つ希少性をアピールしやすくなります。

　例えば、スターバックスの新しいメニューは、公式発表とともに膨大な量の情報がネット空間にばらまかれます。その時に、単に新メニューの概要だけを書いた記事は、確実に埋没します。

　しかし、「やってみた系」は、ライターの体験という主観で記事が進むため、そこにしかない情報が生まれます。

　新メニューの存在自体は知れ渡っていても、そこにライターの珍しい経歴や、特徴的な切り口が加わることで、かけ算の面白みが生まれます。新メニューの情報だけなら読もうとしないユーザーも、そこにライターの個性が加わることで、新たなタッチポイント（顧客接点）が生まれます。

　それは逆も然りで、ライターの経歴や名前だけでは読もうと思わないユーザーでも、自分の気になる新メニューという要素が加わることで、読んでみようと思う可能性が高まります。

　このライターの主観という要素は、希少性とともに、信頼性も生みます。「やってみた系」は、ライターの体験に基づいているため、ポジティブでもネガティブでも、その評価には説得力が生まれます。実際に体験した上での一次情報だからです。この特性をいかして、「PR」と表記した広告記事で「やってみた系」が活用されることも少なくありません。

文脈を可視化する

　例えば、パソコン機器の使用レポートなどでは、性能を褒めた後、価格の高さを指摘して終わる、などのような書き方をすれば、結果的に性能の良さをスムーズに伝えられます。さらに、「自腹で買った」という演出が「やっ

てみた系」で有効なのも、信頼性を強化するからだといえます。

それらを踏まえて「やってみた系」の得意分野を整理すると、グルメ、旅、新製品の使用レポートなどの、ユーザーが日常生活で体験する延長のものが扱いやすいといえるでしょう。

さらに、従来の取材手法も「してみた」という要素を強調することで「やってみた系」の記事に仕立てることができます。例えば、「有名人に疑問をぶつけてみた」「過去何年分の記録を調べてみた」などのようにです。

まとめると、以下のような狙いを整理できるなら「やってみた系」との相乗効果が期待できます。

（1）そのまま伝えると埋没しそうな取材対象の訴求力を高める
　［例］「半日休暇とって男友達と東京ディズニーシーに行ったら最高にビールがうまい」（じゃらんニュース）
（2）個人の体験から世の中の事象が浮かびあがる
　［例］「【黒歴史】昔のガラケーを持ち寄って「せーの」で電源を入れたら即死した」（BuzzFeed Japan）
（3）広告記事にコンテンツとしての読み応えをつける
　［例］「吉田寮の実態を潜入取材！京大、日本最古の学生自治寮で大掃除」（SPOT）

「やってみた系」のネットでの強さの理由をあらためて考えると、「文脈を可視化できる」という特性があることに気づきます。

検索を使えばピンポイントで最低限の知識は得られるネットにおいて、メディアは存在を認識されにくい環境におかれています。検索で見つけた記事は、目当ての情報を確認するだけで十分だからです。

しかし、「やってみた系」は、物語としてのコンテンツの価値をユーザーに気づかせてくれます。その体験の積み重ねがメディアへのロイヤリティになり、サイトの成長の原動力になっていくのです。

読み続けられる連載コラム系

失敗しないコラム

　Webメディアに限らず、伝統的な記事のスタイルの1つであるコラムでは、世の中の事象に対する筆者の考え方そのものが柱になります。

　コラムとコラム以外の記事の違いは、そこに「独自の解釈があるかどうか」です。

　そのため、コラムでは、とくに著者の知名度や肩書きの希少性が求められます。事実を伝えるだけでなく、その事実に加えられた様々な考察が価値になるため、誰がそれをいっているのかという点が重視されるからです。

　一方で、編集者として注意したいのは、知名度の高い著者とメディアの関係です。

　テレビなどで名前が知られている著名人は、ある意味、メディアよりも発信力を持っている存在だといえるので、著名人のイメージがメディアよりも強くなってしまわないよう注意しなければいけません。

　メディアには、著名人のコラム以外にも様々な情報が載ります。1本の突出したコンテンツは頼もしい一方で、メディアそのものの個性を潰しかねない存在でもあるのです。

　そのため、あくまでメディアのコンセプトを第一に考えた上で、その世界観の中で、どのようなコラムを書いてくれるかを考える必要があります。

　そのためには、発信すること自体が目的ではなく、それが「ユーザーの抱える何らかの課題を解決する情報」かどうかを見極めなければいけません。

　ネットでは、編集者という第三者によるフィルターを経ないことが、逆に、ポジティブな価値として受け止められがちです。そんな中で、あえて編集者として向き合うには、「いかにして付加価値をつけるのか」という意識を持つ必要があります。

また、コラムが「日記＝ブログっぽい」状態になりやすい面を逆手に取って、「日記」というフォーマットそのものを打ち出したコラムもあります。この場合、著名人の知名度が十分あるか、書いている人が特殊な立場や経歴であるかが、大事になります。そのため、本文を読まなくても、タイトルだけでどんなコンセプトかわかるレベルでなければいけません。

　例えば、「原発作業員日記」などは、それだけで内容が想像できるので、日記形式のコラムが成り立つでしょうが、「東京都中央区の会社員日記」は、「ブログっぽい」といわれてしまいます。

コラムで差別化をはかる

　コラムの大事な機能は、習慣化です。紙の新聞や購読している雑誌のように、定期的に読んでもらうきっかけを作りにくいのが、Webメディアです。

　そのため、編集者は、ユーザーの意識に「このメディアにはこういう情報がある」ということを刷り込まなければいけません。

　紙の場合であれば、表紙のデザインや付録、あるいは紙の種類など、そのメディアらしさを演出する様々な手段が用意されています。

　しかし、Webメディアの場合だと、表現の幅が極端に少ないスマホという条件下で、他のメディアとの差別化を果たさなければいけません。

　その点で、コラムは「このメディアにはこういう情報がある」というメッセージを伝えやすい存在です。著名人の知名度であったり、ユニークな切り口であったり、事実そのものだけでない付加価値の部分がコンテンツの柱だからです。

　メディアの世界観と合致したコラムを揃えることは、わかりやすくメディアのブランドイメージを浸透させる武器になります。

　さらに効果的なのは、連載です。決まったタイミングで定期的に更新されることがユーザーに刷り込まれれば、強力かつ継続的なタッチポイントとして機能してくれます。

ジャンルを深掘りする
専門ライター

ライターを選ぶコツ

　特定のジャンルに特化した人にライターを頼む場合、目安になるのが著作です。単著で本を出していれば、その分野の専門家として、ある程度は安心して仕事を頼むことができます。

　ただ最近では、ネットでの発信に特化しているライターも多いため、Twitterのタイムラインの情報や、ネット記事なども手がかりになります。Webの世界で存在感を放つ上では、SNSのフォロワー数は1つの指標になります。

　ジャンルにもよりますが、Twitterでフォロワーが1万人以上いるのであれば、それなりの存在感はあるといえます。ただし、初対面のライターの場合、フォロワー数が適正にカウントされているか、水増しされていないかを調べる必要はあります。

　特定のジャンルに特化したライターは、Webメディアの中では伝統的な立ち位置にあります。ITジャンルの情報発信の場として使われてきた歴史を通して、今でもITやネットに特化しているライターが数多くいます。

　その後、Webが社会に浸透するにつれ、メディアの種類や扱うジャンルも徐々に広がりました。

　ジャンルに特化したライターは、主に2種類に分けられます。「そのジャンルが元から好きでその経験を生かしてライターになったパターン」と、「職業として関わった経験を生かしたパターン」です。

元から好きなジャンルでの経験を生かしたライター
　「パソコン通信」の時代にライターになった人の多くは、もともとネットに関心があり、機器の接続方法や情報を自分で調べていました。その後、ガイ

ド本の執筆を依頼されるなどの経緯を経て、ライターになった人も少なくありません。

また、グルメやエンタメのような分野でも同様に、特定のジャンルを突き詰めた人が、ブログや「note」での発信で注目され、ライターになるケースも生まれています。

この場合、編集者は「ユーザーの代表」という位置付けで、仕事を頼むことが多くなります。広告文脈でも、企業側にとって、特定のジャンルにこだわりのあるライターの存在は貴重で、新製品などのプロモーション案件を頼むケースも少なくありません。企業が一方的に情報を発信する広告よりも、「ユーザー代表」としてライターを媒介した方が説得力を増すからです。

一方で、広告記事との接点が増えすぎたライターには、競合他社との比較やネガティブな情報など、公平な視点での取材は頼みにくい、という難点もあります。

職業での経験を生かしたライター

教師や警察官のような専門性のあるキャリアの延長としてジャンルを設定する人もいます。

この場合も、「職業にするくらいのこだわりがある」という点では、前者と共通する部分はあります。

一方で、大きな違いとして、業界の当事者しか語れないインナーの情報を盛り込める強みがあります。これは大手マスメディアの記者もカバーしにくい要素でもあります。

最近では、その職業に現役で従事しつつもSNSなどで発信する人も増えており、よりリアルな情報が世の中に広まる環境になっています。

そのため、メディアとして記事化する場合には、さらに希少性のある要素を盛り込まなければいけなくなっています。例えば医療分野なら「ネットにおけるダイエット情報の真偽」など、ライターに別のジャンルと組み合わせた専門性があるかどうかも、重要になってきます。

アプローチ専門ライター

ネットならではの存在

　アプローチに特化したライターは、「ネットならでは」の存在として人気があります。とくに、記事の内容だけでなく、人柄などライターの世界観が魅力になっています。

　例えば、ヨッピー氏は、話題になる記事を次々と手がけている上、扱うジャンルも幅広いライターです。

　話題となった記事を紹介すると、あえて「ダサい服」を買ってみるという「やってみた系」の体験記があります（〈私服がダサいやつが10万円を投資して渋谷のカリスマになった話〉 https://omocoro.jp/kiji/5932/）。

　記事の中では、「ユニクロでしか服を買いません」という自己紹介の後、「ダサい人向けファッション手当10万円」に応募。見事、「ダサい人」認定され10万円がもらえるというところから始まります。

　最初は、有名なブランドの服を選んでいきますが、だんだんとネット記事らしい雰囲気になり、最後は5万7750円のヘアバンドを買うところで終わります。ここでは、ファッションに興味のないヨッピー氏が、とまどいながらも未知の世界をのぞき込む様子が描かれます。

　また、パソコンに詳しくないお年寄りから法外なサポート代を支払わせていた会社に切り込む内容の記事（〈PCデポ 高額解除料問題　大炎上の経緯とその背景〉 https://news.yahoo.co.jp/byline/yoppy/20160823-00061403/）も、話題になりました。

　この記事の中でヨッピー氏は、その事件を告発した男性との相談段階から、詳しく記事にしています。ここでは、ヨッピー氏が「なぜ普段とは違うテイストの記事を書くことになったのか」にかなりの文字数が割かれており、また、会社側の対応に対する違和感もつづられています。

通常の報道だと、事実関係を中心にした結果しか伝えられません。一方で、こうしたコンテキストを大切にする書き方の場合、一企業の問題を超えた、業界の不誠実なビジネスモデルそのものへの問題提起として機能します。

　ヨッピー氏の場合、視点がどこまでも「日常生活の延長」にあるのが特徴です。一般の人が気になること、自分の代わりにやってみてほしいことなどを、ヨッピー氏が代表して引き受ける形で記事にしています。

　テーマの選び方とそれに応じた書き方など、ヨッピー氏ならではの専門性はもちろんあります。しかし、それ以上に大事なのは、「何もわからない前提で物事を解きほぐしていく姿勢」です。

　アプローチ専門ライターは、インフルエンサーに近い存在だといえます。そのため、メディアとして寄稿などを頼む場合には、編集方針との親和性を考えた上で企画を立てる必要があります。

　扱う素材を選ばずに個性を発揮できるということは、メディアの存在が意識されにくい形で記事が読まれることにもなりかねません。

　そのため、アプローチ専門ライターに仕事を頼む際は、なるべく「自分のメディアならでは」の要素との相乗効果が見込めるようにする必要があります。

　withnewsでヨッピー氏に記事をお願いしたものの中に、2018年当時、ZOZOの社長だった前澤友作氏に密着した記事（〈ZOZO前澤社長の1日に密着「恋愛は？」「年収35億円、使い道は？」〉https://withnews.jp/article/f0180724002qq000000000000000W09d10701qq000017476A）があります。

　この記事の中では、1億円を超える美術品などに対して、ヨッピー氏が庶民目線で驚きの声を連発します。

　その流れの中で、会社経営に必要なこととして「人と違うことをする」という前澤氏の言葉を引き出します。これはwithnewsが大事にする、「かたい話をやわらかく自分ごととして届ける」というポリシーに重なります。

　また、記事の内容も前澤氏とヨッピー氏の個性のぶつかり合いが続き、読者を飽きさせません。同時に、あくまでwithnewsの企画というところを意識してもらうため、絶妙な間合いで、前澤氏の経営者としての表情や、普通の人の一面をにじませてもらっています。

　このように、個性が強いアプローチ専門ライターと企画を練り上げるプロセスは、自分たちのメディアの立ち位置を再認識する時間にもなります。

Yahoo! Japanなどの
ニュースプラットフォーム経由

Webの「玄関口」

　Webではコンテンツの制作、運営、表示など、様々な場面で複数の事業者が存在するので、メディアが発信した情報は、様々なプレイヤーを経てユーザーまで届きます。

　そうしたプレイヤーの関係が対等であるため、Webの世界を「水平分散型モデル」と表現することがあります。

　この「水平分散型モデル」の反対が、「垂直統合型モデル」です。こちらは、旧来のメディアに多くみられる、すべての工程を1つの組織やグループで完結するモデルです。

　メディアの世界は「垂直統合型モデル」が「水平分散型モデル」に移り、時には競合相手と共存しながら、1つの情報流通の仕組みを作り上げています。

　そして今では、Webサービスの「玄関口」としてのプラットフォーム（ユーザーが最初に立ち上げる画面）なしに、Webメディアの記事は成り立たないのが現実です。

　この時に議論になるのが、メディアとプラットフォームの関係です。プラットフォームとは、「Yahoo! Japan」や「Google」のような検索ポータルサイトや、「Twitter」「Facebook」などのSNSを指します。

　プラットフォームは、ネット上にある膨大な情報を集めて整理し、ユーザーに届けます。そして、基本的にコンテンツの制作には関わりません。

　プラットフォームはあくまで「場所貸し」に徹しますので、情報が検索結果やSNSのタイムラインに表示される際にも必要最小限の編集しか加えません。そこで起きたことはトラブルも含め、情報を発信する側と受けとる側が解決することになります。これは、電話会社は電話回線を提供しますが、その電話回線を通じて話される会話には介入しない、という構図に似ていま

す。

　しかし、ネットの世界では、サービスの存在が前面に出てくることになるので、電話回線のような裏方としての立ち位置ではありません。実際に、プラットフォームが用意したアルゴリズムなどによって、情報の流通結果が大きく変わることは多々あります。

　また、プラットフォームとメディアの線引きの問題は、差別発言をしたユーザーのアカウントを停止する行為を「編集」とするのか、「プラットフォーム上の管理」とするのか、など常に議論となっています。

　この問題に関しては、プラットフォームに情報の中身まで責任を負ってもらうべきだという意見がある一方、プラットフォームが情報の内容を評価するのは行きすぎだという意見もあり、ケースバイケースで考えられているのが現状です。

● ウェブ記事の流通（プラットフォーム経由）

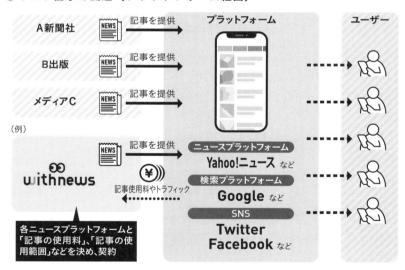

ヤフトピ砲の大きな影響力

　Webメディアにとって、とくに大きな影響力を持つプラットフォームは、ニュースプラットフォームです。

国内最大のニュースプラットフォームである「Yahoo!ニュース」は、420社、650媒体から、1日に約7000本の記事提供（2021年6月時点）を受けています。2020年4月、新型コロナウイルスの影響もあり、過去最高の月間225億PVを記録したことは大きな話題となりました。

　大手メディアでも数億PVなのを踏まえると、月間225億PVというのは桁違いです。「Yahoo!ニュース」のトップに現れる「トピックス」に取り上げられると、発信元のメディアのサーバーがダウンすることもあることから「ヤフトピ砲」という言葉が生まれたほどです。

ニュースプラットフォームとの付き合い方

　ニュースプラットフォームとWebメディアの関係は、記事使用料とトラフィックの流入という2つの接点で成り立っています。

　メディアがニュースプラットフォームに記事を提供する場合、メディアの運営会社とニュースプラットフォームの運営会社の間で、契約を結ぶことになります。その際、記事の使用料や提供した記事の使用範囲などが決められます。

　その契約をもとに、ニュースプラットフォームの運営会社は、記事の本数やその記事によって得られたPVに応じて、Webメディアの運営会社に記事使用料に基づいた対価を支払います。

　その位置付けは「二次使用料」（すでにメディアで掲載された記事を「二次的に」使用する対価）となることが多く、ここにニュースプラットフォームとWebメディアの関係性が表れています。

　記事の内容について、ニュースプラットフォームは干渉しません。つまり万が一、何らかの問題が発生した場合、ニュースプラットフォームに掲載された記事であっても一義的にメディア側が責任を持つということです。

　なお、法律的にも、ニュースプラットフォームは「プロバイダ責任制限法」によって、掲載された情報の中身には直接責任は負わないという立場になっています。ただし、ニュースプラットフォームに掲載されることは世の中に大きな影響を及ぼすことなので、誤った情報が掲載された場合は、メディアと同等の責任を負う事態も起きています。

　ニュースプラットフォームには、「Yahoo!ニュース」のほかにも「LINE

NEWS」「goo」「excite」などがあります。

「Yahoo! ニュース」にはニュース配信を担当する部署があり、その部署の担当者が人力でピックアップする記事を選択しています。人力でピックアップする運用フローは、ニュースプラットフォームの社員が行う点を除けば、多くのメディアと変わりません。

ニュースプラットフォームに届く膨大なWeb記事の中から、内容とその時のタイミングに合わせてピックアップしていきます。

ただし、ニュースプラットフォーム側が記事のピックアップを決める以上、メディア側の意図とは異なる編集が行われることは避けられません。記事や企画を担当した記者・編集者と、その扱いを決めるデスクや編集長との間で起きるやり取りが、会社同士で起きているような構図です。

また、自社コンテンツですべてを賄えない以上、ニュースプラットフォーム側もメディアとの連携は欠かせません。

その際、メディア側はニュースプラットフォーム内で自社メディアがどのような役割を担っているかということに意識的である必要があります。

多くのメディアには、業界の中、あるいは社会全体の中で自身がどのような存在かを設定したポリシーがあります。

メディアは、ニュースプラットフォームが求める要素と自身が追求したい方向性を考えながら、お互いの接点を見出していくことが求められます。

ニュースプラットフォームに配信している同業他社、特に近いジャンルのメディアとどのように棲み分けるかは重要です。

ニュースプラットフォームの「外の世界」ならば、イベントや販促など、メディアは独自の施策でユーザーとの接点を作ることができます。

しかし、ニュースプラットフォーム上ではユーザーとの接点作りにメディアは直接関われないため、メディア同士で役割が重複すると、お互いの「潰し合い」が起きてしまい、大きな損失になってしまいます。

Googleなどの検索サイト経由

検索サイトに信頼される情報

プラットフォームには、ニュースプラットフォームだけでなく検索サイトもあります。

むしろ、多くのユーザーにとって身近なのは「Google」に代表される検索の方です。ニュースポータルと配信契約が結べないオウンドメディアにとっては、検索はメインの流入経路になります。

検索は、ユーザーの知りたい時に情報があればいいので、最新情報にこだわる必要はありません。

ニュースプラットフォームの場合は、ニュースという性質上、古い情報はピックアップされにくくなります。反対に、検索なら過去に配信した記事が長い間、読まれ続けることが起こります。

これは「ロングテール」と呼ばれる現象で、膨大な過去の情報をすべて格納しておけるネットならではの利点といえます。

検索は、基本的にすべて自動で処理されます。ニュースプラットフォームでも「SmartNews」のように基本的にすべてアルゴリズムでニュースの編集をしているサービスはあります。

ただし、実態としてはニュースプラットフォームの多くは人力とアルゴリズムのハイブリッドで構成されています。

例えば、「Yahoo!ニュース」の場合、「トピックス」と並行して、「アクセスランキング」や、ユーザーの履歴に基づいたおすすめの関連記事を自動で表示させています。

2000年に日本でのサービスを開始した「Google」は、ページに含まれるキーワード数や1つのページのリンクが他のページにどれだけ記載されているかを手がかりに検索順位を決めていました。

つまり、学術論文と同様に、参照されているサイトが多いほど、そのページの価値が高いと判断したのです。今では単語の数や被リンク数だけではなく、膨大な指標が複雑に組み合わさって検索順位は決まっています。

　検索を使うユーザーはニュースを知りたいのではありません。自分の気になるテーマが何かしらあって、初めて検索します。そのため、編集者としては、彼らは必ずしもニュースだけを求めていないという点を意識する必要があります。

　例えば「がん　治療」という単語で検索するユーザーは、がんに関する最新ニュースだけではなく、自分か自分のまわりにいるがん患者、あるいはがんの疑いがある状態の人の症状がどうすればよくなるかを気にしているはずです。

　そのため、検索後に表示される情報はユーザーの問題を解決してくれるといった性格が強くなります。

何のためのSEOか

　検索で上位に表示されると、安定的なトラフィックが期待できます。「がん　治療」の検索結果で、最初の情報として表示されたのなら、全国にいる同じ悩みを持つ人たちのPVが見込めます。

　その数は莫大なもので、個人であれば生活ができるレベルの広告収入が得られる場合もあるほどです。

　そのため、検索ポータルの攻略法である「SEO（Search Engine Optimization＝検索エンジン最適化）」という技術に注目が集まりますが、「Google」をはじめとした検索サービスの運営会社は、アルゴリズムを公開することはありません。

　仕組みがわかると、それを悪用して、順位を上げることだけを目的にしたコンテンツが増えてしまうからです。さらに、アルゴリズムは定期的にアップデートされています。

　そうした前提の上で、「SEO」のコンサルティング会社では、最新の「Google」のアルゴリズムの特徴を独自に調査し、クライアントの企業が獲得したいゴールに向けたアドバイスをします。

　「SEO」は見出しの言葉遣いや本文に入れる特定の単語など、テクニカルな

面が強調されがちですが、基本は、ユーザーの目線に立つことが重要です。

　まず、自分たちの記事がユーザーのどんな課題を解決できるのかを整理します。その上で、そのような課題を持っているユーザーはどんな言葉を使って検索するかをイメージします。

　そうやって「SEO」の観点から絞り込んでいくと、Webメディアそのもののコンセプトもはっきりしてきます。

　あまりに一般的な言葉の場合、すでにその情報の受け皿は存在していることがほとんどです。

　例えば、「東京ディズニーランド」の情報を知りたい人は、公式ホームページをまず訪れます。今から、公式ホームページより上位に表示される「東京ディズニーランド」関連の情報を発信するWebメディアを作ることはまず不可能でしょう。

　だとしたら、公式ホームページにはない情報で、必要とされているものはないか考えます。

　そこから「100回行っても飽きないスポット」「おじいちゃんおばあちゃんを連れて行っても安心なアトラクション」「車いすユーザーが過ごしやすい休憩所」などの発想が広がっていきます。

■ SEOで注意しなければいけない点とは？

　SEOを気にしつつも、それは本当に自分たちがWebメディアを通じて達成したいことなのか、について考えなければいけません。

　一度、検索上位に位置づけられると、ある意味何もしなくてもPVが稼げるため、「SEO」が悪用されることも起きています。

　その代表例が「WELQ問題」です。DeNAが、運営する医療メディア「WELQ」で、検索上位に入るテクニックを駆使し、根拠のない情報を含んだ医療関連の記事を大量に配信しました。

　「WELQ問題」では、同じメディア（正確にはWebメディアの住所にあたるドメインという情報）から発信された記事の本数が多ければ多いほど、そのメディアの検索ランクが上がるという当時の「Google」のアルゴリズムを利用し、大量のアルバイトを雇って記事を量産しました。

　さらに、他人に著作権がある画像を無断で使う盗用も相次いで発覚しまし

た。

　「WELQ問題」を受けて「Google」はアルゴリズムを変更し、今では医療に関する情報は、病院や研究機関の情報が優先的に上位に表示されるようになっています。

　そのため現在では「がん　治療」で上位にくるのは、「国立がん研究センター」など医療機関の情報です。

　「SEO」はどうしても機械向けの対策になりがちですが、最終的には人間であるユーザーに満足してもらわなければいけません。

　最低限の「SEO」施策は必要ではありますが、過度に「SEO」に頼りすぎると、Webメディアの信用を落としたり、ユーザーにとって使いにくいサイトになったりしてしまいかねません。

Twitter、Instagramなどの SNS経由

好かれるアカウント、嫌われるアカウント

　SNS経由で記事を拡散するためには、まずアカウントをある程度の影響力を持つまで育てる必要があります。

　Webメディアの規模感によって変わってきますが、安定した効果を期待するためにはTwitterなら1万人以上のフォロワーは必要だといわれています。

　またSNSでは、1つの投稿が思わぬ影響力を持つ場合もあります。いわゆる「バズる」状態です。時に数万、数十万のリツイートや「いいね」を得ることもあります。

　1つの投稿でいかに「バズ」を生み出すかを考えることは必要ですが、それだけだと、瞬間風速で終わることもまた事実です。継続的な影響力を考えるなら、やはりアカウント自体の力は必要になってきます。

　Twitterは、数あるSNSの中でもフローの要素が強い存在といえます。タイムラインの中で常に情報が流れている感覚で、その中の1つが時々「バズる」ことで拡散していきます。

　まだフォローしてもらっていないユーザーのタイムラインに入るためには、一定数のリツイートや「いいね」が必要です。そのため、すでに人が多く集まっているコミュニティに自ら入っていく姿勢が求められます。

　その1つがハッシュタグです。ハッシュタグをつければ、それをチェックしている人に見つけてもらいやすくなります。一方で、あまりに一般的なハッシュタグだと、膨大なツイートの中に埋もれてしまい、効果が限定的になります。

　同じように、メンションを飛ばすことで、影響力がある人と直接的に接点を作ることもできます。ただし、あからさまなビュー狙いのメンションは不快感をおぼえる人も少なくないので注意が必要です。

批判的なコメントでリアクションされると、メディアのイメージを傷つけてしまいます。その点で有効なのは、取材などでそもそも接点のある著名人に、記事配信後もTwitterでコンタクトを取ることです。

　記事の内容がポジティブなものであれば、本人も積極的に拡散しようとします。著名人のフォロワーを通じて、自分のアカウントの存在を知ってもらうことができます。

　また、Twitterはリアルタイム性も大事になります。スポーツイベントや、事件事故、特に災害はリアルタイム性が効果を発揮します。

　しかしここでも、あまりに多くの人が関心を持つ対象だと、発信した情報が埋もれてしまうリスクはあります。ツイート文を投稿するにも労力が必要です。例えば、ワールドカップが開催されているからといって、関係ないWebサイトがサッカー関連のツイートに時間を割くのは得策とはいえません。

┃「バズる」アカウントの育て方の基本

　ツイート単位での"局地戦"と同時に、アカウント自体の価値も高めなければいけません。ユーザーがアカウントをフォローする理由は、これから出る記事を見逃したくないと思うからです。

　そのためには、ツイート全体を通した、1つの柱が求められます。特にWebメディアが運営をしている場合だと、個人名を出すことは難しく、言葉遣いなどから生まれる"キャラ"で勝負しにくい面があります。そうなると結局、ツイートの中身が、「その分野に関心のあるユーザーにとって役立つものか」という部分が大事になってきます。

　Twitterよりも上の年代が使うのが、Facebookです。Facebookは、同じURLを連続投稿するとスパムと認定され、表示されにくくなるなどの制限がかかるのが特徴です。そのため、フローというよりストックとしての要素が強くなります。

　ストックといっても、過去の投稿をさかのぼるような行動を狙うのではありません。むしろ、大事なのはアカウントのイメージ作りです。

　Webメディアの位置づけがしっかりしていれば、最新記事を投稿するだけでも、ある程度の効果を出すことはできます。

　逆に、Webメディアのイメージとかけ離れた投稿が多いと、ユーザーは

● SNSの比較

Twitter
年齢層：全般
特徴：テキスト主体
日本の利用者数：約4,500万人

ポイント 事件事故、災害など、リアルタイム性のある情報が重視される。

投稿に一貫性があり、キャラクター性があることが望ましい。

Instagram
年齢層：若め
特徴：写真が主体
日本の利用者数：約3,300万人

ポイント アカウント独自のコンセプト（世界観）を打ち出すのが有効。

特定の分野のパイオニアを目指すために効果的。

Facebook
年齢層：高め
特徴：テキスト主体
日本の利用者数：約2,600万人

ポイント Webメディアとしての位置づけをしっかりと打ち出すことが必要。

そのイメージからズレた投稿をなるべくしないこと。

LINE
年齢層：若め
特徴：テキスト主体
日本の利用者数：約8,200万人

ポイント ニュースなどもメッセージのように届く。

ユーザーからのメッセージは届かないので、厳密にはSNSではない。

そのページをフォローするきっかけを見失います。

まずは、新着情報にコメントをつけてリンクを投稿する運用を続けながら、そのWebメディア独自の展開を考えるのがいいでしょう。

Facebook以上に世界観が問われるのが、Instagramです。Instagramの場合、アカウント全体の統一感が優先されます。その統一感を保つためにも、写真のイメージは毎回なるべく同じものにそろえます。

当然、Instagramは、他のSNSに比べて写真の役割が強くなります。いわゆる食べ物の「映え写真」のように、アカウント独自のコンセプトに従って人物や風景の写真などに加工を施すことは有効です。

例えば、女性向けファッション誌のアカウントは、その雑誌の世界観におけるトレンドを知ることができるという立場を築いています。その先には、購入という行為が紐づいています。このように、特定の分野を代表する存在、あるいは新たな分野のパイオニアとして認められることがInstagramにおいては重要です。

SNSの運用で気をつけたいのは、ニュースプラットフォームや検索サイ

トなどと違って、SNS自体でサービスが完結している点です。

　ニュースプラットフォームであれば配信料収入や、関連リンクなどからのトラフィックという見返りが期待できます。また、検索サイトはダイレクトにPVが増えます。一方、SNSの場合、ユーザーはSNSアプリを使い続けたいと思っていますし、運営会社もユーザーを他のサービスへ離脱させないように設計をしています。

　最近では、SNSのフォロワー自体がWebメディアの実力を測る指標として認められつつあります。無理にメディア本体との連携は目指さず、SNSの中だけで完結するようなゴールを設定することもこれからは大事になってくるでしょう。

ユーザーに紐づく運用型広告

表示回数が収入になる運用型広告の登場

Webメディアには大きく分けて、「無料広告モデル」と「有料課金モデル」の2つのビジネスモデルがあります。また、両者のビジネスモデルを組み合わせて収益を成り立たせているメディアもあります。

無料広告モデルは、サイト内の広告掲載料が収益源になります。広告の中にも「運用型」、「クリック課金型」など、いくつかの種類があります。

運用型広告は、広告が表示される場所を決めておけば、自動的に企業の広告が現れます。数百万以上の広告が準備されており、ユーザーがページを開いた途端に膨大なストックから選ばれた広告が表示される仕組みです。

運用型広告の収益は、「インプレッション」と呼ばれる、表示された回数の多さによって増えていきます。そこでは、表示された回数はユーザーの視界に入った回数とみなされます。

この場合、気になる広告であれば、ユーザーは商品の内容など広告の中身を確かめますが、興味のない広告なら内容まで注意は向かず、記事の中身に意識が集中してスクロールとともに広告は画面から消えます。

効果と価格の高いクリック課金

運用型広告の中でもクリックされたことで広告料が発生するのが、「クリック課金型」です。クリック先には、スポンサーのページが用意されています。

運用型広告のように表示されるだけだと、広告の内容が伝わっているのかどうかがわかりにくい部分がありますが、クリックまでしてもらうと、広告の効果をより期待できます。

数字を増やすのは難しいため、その分メディアに支払われる金額は高くな

ります。

　Webメディアに限らず、広告の多くは、ユーザーにとって興味のないものです。

　運用型広告の技術は、記事を読もうとするユーザーを広告に向けるため、精度を上げてきたともいえます。

　その1つが、ターゲティングといわれる技術です。

　Webサイトを訪れた履歴は、ユーザーのパソコンやスマートフォン内に蓄積されます。これをCookie（クッキー）と呼びます。「どんなサイトを訪れたのか」をクッキーから判断し、ストックされている膨大な広告の中から一番興味をひきそうなものを表示するのがターゲティング広告です。

　例えば、スニーカーのサイトを見た後に、関係のないニュースサイトを見ても広告がスニーカーになってしまうのは、クッキーのためです。

　ブラウザの設定からクッキーを削除することもできますが、多くの人はそこまで存在を気にしないため、ターゲティング広告は成り立っています。

　最近では、「クッキーは個人情報にあたるのではないか」という議論も起きています。ヨーロッパでは、ユーザーの同意がなければ履歴を保存できないようにする、「GDPR（General Data Protection Regulation ＝ 一般データ保護規則）」という決まりが生まれています。

　今後、クッキーの規制が厳しくなると、従来の運用型広告の効果は下がることが予想されます。効果が期待できない広告に、企業はお金を払いません。個人情報を巡る問題は、メディアのビジネスモデルにとっても無関係ではありません。

「枠から人へ」

　運用型広告の特徴は、「枠から人へ」という言葉で表現されます。蓄積されたデータをもとにして、ユーザーの趣味趣向に合わせて広告枠の方が変わるからです。

　もう1つ、運用型広告の大きな特徴は、営業をしなくて済むことです。

　新聞広告やテレビのCMなどの広告を載せる場所を持っているメディアは、企業に営業をして、広告を出してもらいます。その際には、掲載料として企

業から広告費をもらいます。

　運用型広告になると、企業へ売り込みをする必要がなくなります。メディアが企業に依頼しなくても、すでに広告を出したい企業の広告が蓄えられているからです。

　広告の営業を代行しているのがGoogleなどのプラットフォームです。Googleのサーバーには表示されるのを待っている膨大な広告が蓄積されています。

　また、プラットフォームは、広告が表示される仕組みである広告枠も用意しています。プラットフォームが開発した広告枠はメディア以外の個人でも使うことができます。

　これまでのメディアビジネスは、記事を作るライターや記者、編集者だけでなく、読者に新聞や雑誌を売る販売担当の社員、企業に広告を売る広告営業の社員がいて、初めて成立していました。

　運用型広告が生まれたことで、広告を売る人間がいなくてもメディアが運営できるようになりました。個人でも広告料収入を得られる仕組みが生まれたことで、ビジネスとしてメディア運営に関われるようになり、参入障壁が劇的に下がりました。

　とはいえ、運用型広告にもまだ課題があります。とくに指摘されるのは、記事の中身の価値が、PVやインプレッションなどの指標だけで判断されてしまうことです。Webの指標で評価されにくい内容の記事の数が少なくなり、多様な情報に触れる機会を奪う結果にもなりかねません。

　短期的には効果が出なくても、社会に役立つ記事が蓄積されることでメディアの価値を高める方法があることは忘れてはいけません。

　また、個人でも収益化が可能になる運用型広告の仕組みによって新たな問題も生まれています。2016年のアメリカ大統領選で、ジョージアの大学生が、トランプ氏を支持する偽のニュースサイトを立ち上げて広告収入を得ていたと報じられました。

　他国の人間が、政治的主張とは関係なく、「クリック数の多さ」という収益のために誤った情報を拡散させるという、従来では考えられなかった状況も生まれているのです。

メディアが選ばれる予約型広告

予約型広告で選ばれるメディアになるためには

　運用型広告とは異なるネット上の広告として、予約型広告があります。

　予約型広告は、そのメディアを訪れているユーザーには、基本的には同じ広告が現れます。通常、広告は掲載期間を決めて契約されるため、掲載開始から終了までの期間をあらかじめ「予約」しておくことから、予約型といわれます。

　運用型広告が、クリックごとにランダムな広告が出てくるのと比較すると、予約型は対照的な広告といえるでしょう。

　予約型広告の価値は、量よりも「質」にあります。予約型広告を出す際には、メディアのUUやPV以上に、広告主は、メディアの記事内容、サイトのコンセプトやデザインなどを参照します。

　メディアの質と裏表になるのが、ユーザー属性です。

　細かなユーザー属性のデータを参考にして、広告主は「情報を届けたい相手が重なるかどうか」を考えています。

　自動で計測されるPVやUU、年齢、性別に加えて、ユーザーアンケートなどで年収や住んでいる場所などを聞いて把握したデータを組み合わせて、メディアはユーザー属性を把握します。

　例えば、ラーメン好きのユーザーが訪れたラーメン特集サイトに、高級車の広告が表示されても、記事と広告との距離感がありすぎます。

　たとえラーメンと高級車の関心層に年齢と性別で共通点があっても、サイトを訪れる人は重なりません。高級車を効果的に広告として届けたいのなら、高級腕時計の情報サイトの方が親和性は高いでしょう。

　同じグルメでも、ラーメンではなく、3つ星レストランを特集したサイトの方が、ユーザーがクリックする可能性は高くなるかもしれません。

このように、予約型広告は、広告枠という局所的な部分だけでなく、ユーザーの目に入るサイト全体で読者とマッチングできます。

予約型広告は、「ブランドセーフティー」の対策として、活用されることもあります。

メディアの記事が原因で重大な問題が起きると、同じページに表示されていた広告のクライアントにも影響が出かねません。実際、YouTube上で差別的と受け止められる内容の動画に、大手企業の広告が自動で表示されて問題となったことがありました。

このような場合、運用型広告のように、ユーザーの属性に応じて細かく広告を出し分けられると、事前に露出する場所を知ることは不可能です。予約型広告ならば、広告が出る場所まで管理することができます。

広告主がメディアを選ぶ予約型は、広告単価が高くなります。広告を出せる場所が運用型広告より少なくなり、メディア側の希少性が高まるからです。

メディアの自殺行為「ステマ」

予約型広告には、「バナー広告」というパーツ単位の広告から、「記事広告」という編集記事と同じ体裁のもの、さらには何本もの記事広告を連載のようにして発信する規模のものまで、様々な種類があります。

Webメディアでは、編集記事が並ぶリストの中にも広告記事が入り込みます。

そのため、ユーザーは記事を読むように自然と広告を目にし、記事の体裁も編集記事とほとんど変わらないことから「ネイティブアド」とも呼ばれています。これは、紙の雑誌で見られるタイアップ記事にも似ています。

なお、予約型広告は、枠を買う費用に加え、枠に表示させるコンテンツを作る費用までかかることになります。このように単価の高くなる「ネイティブアド」には、企業も多くの効果を求めることになります。

その中で生まれるのがステルスマーケティング（ステマ）の問題です。記事と同じように読める「ネイティブアド」とはいえ、見出し付近に現れる「PR」表記は必須です。それは、ユーザーにとって見出しをクリックするかどうかを決める目印にもなります。

多くのユーザーは広告だとわかると、クリックする気になりません。そこ

で、ステマはこの「PR」を意図的に消して、お金をもらっていることを隠したまま、中立的な立場であるかのような書き方で企業の製品やサービスを好意的に伝えます。

これは、広告の信頼性を傷つけるものだとされています。大手メディアも加入している一般社団法人日本インタラクティブ広告協会（JIAA）では「PR」をつけずに配信するネイティブアドをステマとして禁止しています。

一度、ステマが問題化したメディアは、ユーザーからの信頼を失うという大きなダメージを受けます。

短期的にビジネス的なメリットがあるかもしれませんが、持続可能なメディア運営を目指すなら、ステマは禁じ手であることは間違いありません。

単価の高いネイティブアドは、メディアの編集力をいかしやすい広告だといえます。企業にとってポジティブな情報だけを並べたコンテンツは、ユーザーの心に響きません。記事としての面白さを生み出すためには、日々のメディア運営で培ったスキルが武器になります。

例えば、通常の編集記事でも難民問題や環境問題など、読者がすぐには関心を示さないものを読ませるテクニックは重要です。

こうしたメディアの編集力を、企業に提案できる機会を作れるのが、予約型広告、「ネイティブアド」の特徴になります。メディアと企業が自動的にマッチングされ、表示されたらもう二度と出会うことはないような関係になる運用型広告との違いはここにあります。

企業が運営するオウンドメディア

メディア自体を運営

　運用型広告でも予約型広告でもない新領域の商品として、オウンドメディアの制作支援があります。

　既存のメディアの広告枠に出稿するのではなく、メディア自体を企業が運営する形を指すのが、オウンドメディアです。

　オウンドメディアを運営する企業では、ユーザーと自社との接点のきっかけを作るために、まずは自社のビジネスとは直接関係のないお役立ちコンテンツを定期的に発信します。

　その後、そうしたコンテンツで集めたユーザーに自社のサービスを知ってもらい、会員登録を促すなどの施策によって、より強固な関係性を築きます。

　オウンドメディアは、「企業のビジネスが第一」にあり、そのビジネスに貢献する施策としてメディアが作られます。

　オウンドメディアの中には、「弁護士ドットコムニュース」や「サイボウズ式」のように、メディア運営まで自社でしてしまう企業もあります。

　しかし、メディア運営の経験がない企業は、編集プロダクションなどに外注をすることがほとんどです。こうしたオウンドメディア制作において、自

● ウェブメディアのビジネスモデル（オウンドメディア運営）

サイト名	運営会社	概要
弁護士ドットコムニュース	弁護士ドットコム	ニュースを法律から解説
サイボウズ式	サイボウズ	新しい働き方の事例などを紹介
LifeWear magazine	ユニクロ	ユニクロの服にまつわる情報などを紹介
北欧、暮らしの道具店	クラシコム	インテリアなどの情報を発信
ジモコロ	アイデム	地方の話題を"ゆるく"伝える
Mercan	メルカン	メルカリで働く人を紹介

社でもともとメディアを運営している企業（新聞社や出版社など）が関わる事例が生まれています。

　オウンドメディアもメディアである以上は、一定規模の記事本数が必要です。また、サイトのコンセプトからサイトデザイン、ページ制作、数十本以上の記事執筆、配信スケジュール、SNSでの拡散など、長期間にわたって様々な工程が発生します。

　そのため、オウンドメディア運営の支援は、運用型広告や予約型広告に比べると、1つの案件でもビジネスの規模が格段に大きくなります。

　また、オウンドメディアの案件が持ち込まれるのは、もともと運営している自社メディアの実績が評価されたという例が多くあります。結果、運用型広告や予約型広告に比べると、コンテンツ制作側、メディア側に価格の競争力が生まれます。

　アサヒビールが作った「カンパネラ」は、お酒にまつわる話題を中心に「ビジネスパーソンにひらめきの鐘を」というコンセプトで2014年にスタートしました。編集担当として、日経BPが入っています。

　アサヒビールはテレビCMをはじめ、様々な場所に広告を出しています。それでも「カンパネラ」のようなオウンドメディアを作る理由としては、「従来の広告という形式では自社のメッセージを効果的に伝えられていない」という問題意識があります。

　基本的に、広告はユーザーにとって「邪魔なもの」です。編集記事として「自社の話題を取り上げてもらえるかどうか」は、メディア側の判断次第になってしまいます。しかし、自社でメディアを持つことができれば、情報発信の工程を自分たちで管理することができます。

　日経BPは、ビジネスとの境界線であるファイアウォールを保った上で、メディアの編集力をマネタイズに活用できます。

　言い換えると、PVという「規模」ではなく、メディアとして大事にしてきた「質」を価値にできるのです。「質」の競争においては、メディアの個性が活かせます。

　メディアの希少性と広告主の意向が噛み合えば、運用型広告や予約型広告だけではない多様な収益源を確保できる可能性が生まれます。

「やめる」ハードルが低いオウンドメディア

しかし、「カンパネラ」は2019年に更新を終了しました。オウンドメディアの課題は、ある意味「やめられる」点にあります。

新聞社のようなメディア運営を主体とする企業と違って、オウンドメディアの運営企業にはメディア以外の本業があります。本業につながらないと判断されれば、オウンドメディアを続ける理由は見つけにくくなります。

メディア運営を主体とする企業に比べると、オウンドメディアの方針転換が本業に与える影響は深刻ではありません。そのため、メディア運営をやめる際のハードルも低くなります。

その判断をする際に、PV数は無関係ではありません。多くのオウンドメディアはPVの減少を理由に更新を中止したりサイトを閉じたりしています。

オウンドメディアのPVは検索経由の流入に頼りがちです。多くのオウンドメディアのコンテンツは、たとえ編集記事であっても、一般的なニュースサイトとは異なるため、Yahoo!ニュースのようなニュースのポータルサイトでは配信しにくいからです。

検索頼りになると、その成果は検索エンジンのアルゴリズム、つまりGoogleの方針で大きく変わります。

メディアの価値を広げる可能性

継続性の課題はありますが、メディア企業にとってみれば、オウンドメディアは、自社メディアと切り離して運営できる点が画期的です。

オウンドメディアに関わっているからといって、メディア企業の媒体に個別の商品記事が増えることは、基本的にはありません。

その上で、メディア企業としては、オウンドメディア運営費として売り上げを得ることができます。その収益は、もともと運営している媒体に投入できます。

つまり、媒体の中に広告を組み込んだり、広告単価をあげるために数字狙いの記事を出したりせずとも、媒体を続けるための資金が得られるのです。

メディアのビジネス的な価値を、「広告を載せるだけ」の存在から広げる

ことは、これからの健全なメディア運営に不可欠な視点です。そのためには、メディア側にも、ネット上でのプロモーション戦略を俯瞰した上で提案できる能力と実績が求められます。

　運用型広告やスポンサードコンテンツのような「一期一会」の関係とは異なり、オウンドメディア支援のような規模感では、記事1本単位での評価は難しくなります。半年〜1年を通じて、スポンサー企業の課題に応えなければいけません。そのため、オウンドメディア支援をする時には、コンサルティングのような立場で、ネット上の施策を手伝うことになります。

　ユニクロが展開する「LifeWear magazine」は、村上春樹氏のインタビューを掲載するなど、オウンドメディアのスケールを超えたコンテンツが魅力です。その編集に関わっているのは、「ポパイ」元編集長・木下孝浩氏です。木下氏は、ユニクロの執行役員という立場で、「LifeWear magazine」のほか、イベントやテレビCMなどに関わっています（〈「ポパイ」編集長からユニクロに転じた木下孝浩が考えるLifeWearの価値　ユニクロの未来を担うキーマンに聞く〉https://www.wwdjapan.com/articles/1078202）。

　このように、オウンドメディアを様々な施策の1つとしてとらえることができれば、その価値を最大化させる道筋が生まれます。「LifeWear magazine」について木下氏は、「10あるうちの1〜2ぐらい」と語っています。

　木下氏の場合は所属を移った上での取り組みになりますが、メディア側からスポンサー企業にオウンドメディアの企画を提案する場合にも、俯瞰した戦略を語ることが求められます。

ユーザーとつながるイベント協賛

▌ イベント開催は「誰にでも」できるようになった

　近年増えているのが、Webメディアによるイベントの企画です。とくに最近は、イベント開催のハードルは低くなっています。

　イベント開催が容易になった背景にあるのは、ネットサービスの進化です。

　Peatixのようなオンライン決済を支援するサービスのおかげで、会場でのお金のやりとり、参加者の把握、事前のアンケートから、イベントの告知などがネット上で簡単にできるようになりました。

　だからこそ、「なぜイベントという発信手段を選ぶのか」は丁寧に考える必要があります。

　一般的に、情報流通の場面においては、通常の記事（テキストと写真）のフォーマットの方が適しています。その方がニュースプラットフォームに転載されやすく、検索エンジンでもヒットしやすくなるからです。

　ユーザー側からしても、読むタイミング、読むスピードなどを、自分なりにカスタマイズもでき、ストレスも少なく情報に触れることができます。

　しかし、イベントは開催時刻にユーザーが合わせる必要があり、基本は最後まで参加（視聴）しないと一定の満足感は得られません。オンデマンドとカスタマイズが進むネットの世界で、ユーザーに大きな負担を課しているのがイベントだといえます。

　逆に成功すれば、ユーザーとの関係性を強化できるのが、イベントの魅力でもあります。

　膨大な情報で埋め尽くされたネット空間では、ユーザーとの出会いの機会も多いですが、その分だけ別れも早くなります。欲しい情報が得られたユーザーは、メディアの存在を認識しないうちに、すぐに別のサイトへ離脱していきます。

一方で、イベントはユーザーの一定時間を占有できます。イベントは1時間近くユーザーと向き合えるので、Web記事とは比べ物にならない濃密な場となります。

■ コーディネーター役になるWebメディア

　そのうえでイベントを成功させるためには、「どんな人に来てもらうか」を設定することは大事です。言い換えると、イベントの成否は、どんな人の関心に応え、課題を解決するかに思いを巡らせることによって決まるといってもいいでしょう。

　イベントの中には、企業の協賛がつくものもあります。以前はメディアと企業の関係は、紙面やCMなど通常の広告に限られていました。しかし、通常の広告だけではターゲットがぼやけてしまうという難点もありました。

　そうした問題点を払拭するために始まったのが、企業が求めるユーザーと濃密な接点が作れる、協賛型イベントです。

　協賛型イベントの中には、宣伝だけではなく、ユーザーとのコミュニティ作りを目指すものもあります。その目的となるのは、「リード（lead）」と呼ばれる潜在顧客との出会いです。

　ビジネスセミナーのように、専門性が高いイベントを通じて、年収や役職などの詳細な個人情報の提供を承諾してもらった上で、協賛企業と共有することもあります。

　編集とビジネスの両方で注目されるイベントですが、ライバルの多いレッドオーシャンの世界でもあります。

　新型コロナウイルスの感染拡大によって、自宅生活が増えたことを受け、テレビの地上波放送で活躍しているタレントがYouTubeに次々と参入するなど、無料の動画コンテンツは急増しています。

　もともと知名度があるタレントの動画に対して、Webメディアは太刀打ちしにくいのが現実です。

　その中でも存在感を出すためには、より「個性的」で「希少性が高い」ことが求められます。

　具体的には、イベントの内容を特定のテーマに絞り込んだり、異なるテーマを組み合わせたりすることで、他のイベントとの差別化をしていくことが

必要です。

　最近では、SDGsや女性の社会進出など、企業が社会的メッセージを発信することも増えています。メーカーが環境問題を訴えたり、女性タレントが「#MeToo」について意見を述べたりする場面で、Webメディアがコーディネート機能を発揮することは、イベントの活用方法として重要です。

　総じて、イベントは単体では効果を発揮しにくい側面はありますが、戦略的に活用すれば、メディアのブランドを強化する大事な場所になり得ます。

　大きなイベントで注目を集めることだけではなく、たとえ少人数でも定期的な集まりを地道に続けることも価値として認められつつあります。こうした持続的な関係のコミュニティは、コンテンツについての意見を聞く機会にもなり、メディアの成長に大きな貢献をしてくれます。

　イベントを考える際に重要なのは、イベント単体で勝負をしないことです。イベント開催はあくまで手段であり、目的ではありません。そのため、事前告知を兼ねた集中連載と連動するなど、「メディアの顔の浸透をはかる」「イベント終了後は記事化する」などの基本動作が大事になってきます。

　そもそもメディアがイベント開催によって何らかの相乗効果を狙うためには、メディア自身に、イベント化できる看板企画があることが求められます。

　イベントを成功させるためには、「現時点で自分たちがどのような魅力を持ったメディアとして育っているのか」という段階から考えなければなりません。

コンテンツを定額で売る
サブスクリプション

「使っていない」と思わせない工夫

　有料課金モデル（サブスクリプション）は、無料広告モデルに代わるWebサービスのビジネスモデルとして注目されています。Netflix、Spotify、NewsPicks、日経電子版、朝日新聞デジタルもサブスクリプションを取り入れています。

　商品の対価をユーザーから直接受け取ることから「Business to Consumer（BtoC）」とも呼ばれます。サブスクリプションの多くは、サービスを使用する権利であるアクセス権を1カ月単位で販売します。

　サブスクリプションは安定した収益を期待できます。無料広告モデルの場合だと、記事のPV数によって収益は大きく左右されますが、有料課金モデルの場合は、1カ月間に配信される記事について、読んでくれるかどうかは別としてもお金は払ってくれる関係に変わるからです。

　サブスクリプションモデルの成功例として名前があがるのは、外資系動画配信サービスです。その大きな武器はコンテンツに投入できる資金力です。

　ドラマやアニメの1話あたりの制作費で見ても、外資系動画配信サービスでは約1億円程度という桁外れの予算があるのです。

　サブスクリプションの解約理由で一番多いのは、「使っていないから」だといわれています。そこで、例えばNetflixは、アカデミー賞3部門を獲得した「ROMA／ローマ」などの話題作で新規登録を促したうえで、「ハウス・オブ・カード」などのドラマシリーズで登録を継続してもらう。そんな流れを確立することでユーザーを「使っていない」ようにさせにくくしています。

　このように、新規獲得とサービス利用の習慣化がつながっていくと、ユーザーの解約は抑えることができます。

　なお、サブスクリプションの元祖は、紙の雑誌や新聞の定期購読といえる

でしょう。読者は、それらが手元に届いたタイミングで読むという行動が習慣化されています。そのため、読者にとっては「使っていない」とは思いにくくなります。

　しかし、ネットでは状況が変わります。紙の新聞をそのままデジタルに移行させると、関心度の高い記事で新規登録を獲得することはできても、同じようなテーマの記事ばかりを配信するわけにはいかず、継続に結びつきません。これは媒体としての構造的な課題でもあります。

　特に報道の世界は、ユーザーの関心よりも、発信側の問題意識が前面に出やすくなります。その結果、ユーザーの再訪をうながす場面が作りにくくなり、結果的に「使っていない」と判断されることにつながってしまうのです。

　また、ネットのサブスクリプションは、価格の決め方も変わってきます。サービスの値段は、商品を生み出すためにかかった費用ではなく、ユーザーが払いたいと思う金額が反映されます。

　サブスクリプションにおけるすべての起点は、ユーザーのニーズになります。「特定のジャンルの記事が読みたい」が優先されるのです。

　ユーザーは、無料も含めて数多くあるサービスの中から自分のニーズを満たすものを選びます。その中で、お金を払ってでも、そのページにアクセスしたいというときに初めてサブスクリプションのサービスを契約します。

　なるべく多くの人の満足度を高める最大公約数を意識してきた紙主体のメディアは、これまでのビジネスモデルの転換を迫られています。

　一方で、サブスクリプションが成功した暁には、ユーザーとの結びつきは格段に強固になります。近い将来には、メディアとユーザーという関係はなくなり、「仲間」に近い関係性になるのかもしれません。

商品リンクで成果報酬を得る アフィリエイト

広告内容がメディアの信頼を左右

　アフィリエイトは、ネット上の広告の一種で、成果報酬型広告ともいわれます。ページ内に設置した商品リンク経由での売り上げに対して、仲介業者から報酬を受け取る仕組みです。

　アフィリエイトを支えているのは、数百万人ともいわれる「アフィリエイター」の存在です。

　スポンサー企業にとって、アフィリエイトの最大の魅力は膨大な広告ページを作るコストを負担せず、「売れた分だけ払えばいい」ところにあります。「アフィリエイター」にとってのメリットは、参入障壁の低さです。営業担当者は必要なく、1人で始められます。ページの作り方などの効果的な手法を一度見つければ、それを別の広告に応用することもできます。

　この「アフィリエイター」を束ねる存在が、仲介業者です。ASP（アフィリエイト・サービス・プロバイダ）とも呼ばれ、スポンサー企業が宣伝したい商品をリスト化して公開しています。

　膨大な数の「アフィリエイター」は、そのリストから紹介したい商品を選んで、自分のページにリンクなどを貼り付けていきます。

　ネットの履歴から、どの「アフィリエイター」経由で商品が売れたのかがわかりますので、その履歴を元に仲介業者が「アフィリエイター」に報酬を支払います。そして仲介業者は、「アフィリエイター」に支払った報酬をまとめてスポンサー企業に請求します。

　そもそも、アフィリエイトは、記事で伝えたいことの参考情報として、商品へのリンクが設置されているというのが本来の姿でした。

　しかし、実態は、仲介業者をはさんだアフィリエイトでは、ビジネスが優先されがちになっています。

個人でも始められることから、急速に広まったアフィリエイトですが、報酬を得るために不正確な内容を記載したり、無断でタレントの画像などを使用したりするケースが後を絶たないなど、問題点が指摘されています。

　その原因の1つが、仲介業者を間に挟む構造です。

　アフィリエイトでは仲介業者が多くの業務を代行します。

　そのため、報酬を負担するスポンサー企業と広告ページの作成者が、直接やり取りをすることはありません。

　なので、たとえ自社の商品の広告であっても、どんな内容で購入や契約を勧誘しているのかはわからないことがほとんどです。その結果、広告へのチェック機能が働かず、購入や契約を強引に迫るような内容のページがネットに出回ることもあります。

「アフィリエイター」は個人が多いため、Webメディアの編集者としてアフィリエイトの広告ページを作ることはあまりありませんが、気をつけたいのはリンクです。

　アフィリエイト広告は、運用型広告と同様に、自動的にWebメディアの広告枠に出現します。

　そのため、メディアが大事にしてきた編集方針と相容れない内容の広告が出現する可能性が生まれてしまいます。

　一方で、アフィリエイトは高い販売効果が見込めるため、スポンサー企業の支払う広告費も多くなります。メディアにとってそれは収益に結びつきます。

● ウェブメディアのビジネスモデル（アフィリエイト）

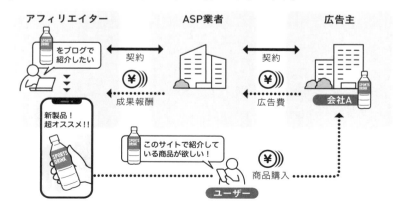

編集者としては、アフィリエイトも大事な売り上げであることは認識しつつ、編集コンテンツの信頼度を落とすような広告が出現しないよう気を配らないといけません。

　アフィリエイト広告の設定をこまめに調整し、問題のある広告は最初から表示させないようにする必要があります。

　例えば、特定の健康器具についての問題点を指摘する記事のページに、その健康器具の広告が載ってしまうという事態もあり得えます。

　その広告ページにメディアが関与していなかったとしても、ユーザーには不信感を与えてしまいます。

　アフィリエイトに限らず、Webメディアでは広告と編集が一体となって受け止められていることは、常に自覚する必要があります。

コラム：Webにおける「編集」の領域

「正解」が書いてある編集の教科書なんて、存在しない。

編集に携わる多くの人はそう思っているだろう。本書の元となったwithnews連載記事「WEB編集者の教科書」の企画者の一人である私も実はそう思っている。こんなふうに考えるようになったのは、新聞社からヤフーに転職をした2012年だった。

2012年9月、東京・六本木。東京ミッドタウンのYahoo!ニュース トピックスの編集部のあるフロアで、私は支給されたばかりのPCに向かっていた。

そこで、1日数千本配信されるニュースを眺めていた時、「とんでもないところに来たな」と、感じた。

スマホで激増したネットニュース読者

前職の新聞社では「ネットファースト」が掲げられていた。そのため紙面の原稿を書き上げるより先に、ネットの記事を送ることが徹底されていた。

デスクやキャップからの「早く出せ」という怒声を電話で受けながら、警察署の窓口、現場に駐めた車の中など、所かまわず原稿を書き上げた。

しかし、柑橘系のアロマオイルの噴霧器があったヤフーでは、そんな汗くささは感じなかった。

トピックス編集部員がモニターに向かい淡々とユーザーに伝える記事を選び、報道各社から来る記事が大量に配信されていた。

「現場の苦労を知らないくせに」と、私は反発を覚えた。でもそれよりも、その影響力に圧倒された。

Yahoo!ニュースは当時、月間40億PV。今は比較する基準が違うとはわかっている。しかし当時は、「選ぶだけ」の仕事が、新聞社の編集局長の責務に

も匹敵するのではないかと怖くなった。

でも、本当に「とんでもない」のはここからだった。

公共性と社会的関心を重視する。記事を選ぶ指針はあったものの、そこには明確な正解がなかったからだ。

それはスマートフォンの爆発的な普及が関係していた。今振り返ってみると、2012年は新たなデバイスの台頭により、ニュースの読まれ方、届け方が大きく変わる過渡期だった。

当時はまだ、PCの方がスマホよりもユーザーが多く、ニュースが読まれる時間帯は、通勤時間帯（朝の8時くらい）や平日の昼間が中心。ユーザー層も、仕事をしている男性が多くを占めていた。

しかし、スマホの普及で事情は大きく変わった。時間帯は、通勤時間よりも早まり（朝の6時くらい）、また夜は女性ユーザーが増加し、24時以降も多くのユーザーがニュースを閲覧しに訪れるようになった。

誰も経験したことのない変化が起きている。この変化の中で、編集、編成の最適な形を日々模索していた。

「正解」がない以上、やるべきことはシンプルだった。

現状を表すあらゆるデータや情報を集めた上で、仮説を立てながら検証し、日々少しずつ改善をすることだった。

ページビュー、ユニークユーザー、クリックスルーレート、デイリーアクティブユーザー。

いまでこそ一般的になった言葉も多いが、当時の私には呪文のような言葉だった。ひとつひとつを隣に座っている新卒入社の同僚に聞きながら、社内にあるデータをひとつひとつ読み解いて施策を考えた。

参考程度に見ていたリアルタイムのアクセス数をPC、スマホに分けて詳細に分析。男女別や年代別の行動の変化も加味して、実際の編成方針に落とし込んだ。

それから10年が経とうとしている今でも、トピックス編集部ではユーザー層、体験を想定して「マスに届けるべきニュース」を日々考え続けている。

▍Web編集者の「模範例」

総務省の『情報通信白書』によると、この10年間で世帯におけるスマー

トフォンの保有割合は9.7%から83.4%に上昇。初めて8割を超えることになった。

　スマホデバイスの登場によってユーザーがコンテンツを消費する環境は激変した。AI（人工知能）が最適なレコメンデーションを行うのが一般的になるなかで、人の手によって作ること伝えることの意味や意義も急激に変化しようとしている。このような状況で、Web編集は「これが正解」と提示することはやはり困難だ。

　また、こういった社会変化のなかで、編集者の「編む」領域が拡大・複雑化していることも、難しくしている要因だ。

　本書の作成を主体的にリードしたwithnewsの元・副編集長、丹治翔氏は記事を書くのはもちろん、男性の育休について課題意識を抱える読者を交えた意見交換ミーティングを開催したり、自身でTikTokにニュースの解説を投稿したり、Clubhouseで座談会をしたりと、その活動は多岐に渡る。

　新聞の「紙」だけでも、ネットの「記事」だけでもなく、あらゆるオンラインのツールとオフラインの企画を通じてニュースを届けるべく試行錯誤を行っている。正解が出るのを待つのではなく、新しいものを体に通し、使ってみる。常に新しいものが生まれ、新陳代謝のスピードが激しいWebの世界で編集者として生きるという意味では、彼は「模範例の一人」だと思う。

「誰に何を提供するのか」も編集の仕事

　私が所属しているヤフーでも、編集の関わる仕事は拡大している。

　2021年現在、私が主に携わっているのは、国政選挙の際の選挙特集、媒体社との共同連携企画などだ。

　例えば新聞社やテレビ局などの媒体社と共同連携企画を実施する場合を想定してみよう。共同連携企画では取材をするのは媒体社の記者のみ。ヤフーの編集は「Webで届けるための知見」を提供している。

　新聞だと複数の見出しや写真がサイズを変えて紙の上に表現されており、パッと見た際の情報量は多い。スマホは片手でおさまる画面のなかに、10〜30文字程度の見出しと小さなサムネイルが均等に羅列されているだけで、ユーザーはその画面を一瞬見て記事を読むか読まないかを判断する。ニュースを読む体験が全く違うのだ。

ヤフーの編集者はその知見をもとに、ネットで読まれにくい災害復興や社会問題などの硬いテーマの記事を、どう伝えるか、届けるかを記者と議論を重ねて作り上げていく。

媒体社の記者はニュースコンテンツのプロだ。だがWeb、少なくともヤフー上でニュースをどう届けるかの知見については我々が最も詳しい。

企画をスタートした当時、提案先の新聞社から「この企画をやったことで新聞が売れなくなったらどう責任をとるんだ」と凄まれたこともあったり、我々の力が及ばずユーザーに全く読まれず「ヤフーもそれほど影響力ないんですね」と苦言を呈されたこともあったが、現在は50社以上の報道機関と連携し、日々、AIには頼れない価値あるニュースを、両者の強みをかけ合わせて日々生み出している。

また、選挙特集では、編集・エンジニア・デザイナー・企画・ビジネスなど、さまざまな職種の人間とともに作りあげていく。バックグラウンドも前提知識も違う人たちの集まりだ。

そのため、「誰に何を提供するのか」というコンセプトメイクから始め、企画を実現するための外部の企業や団体との交渉までを、編集者が関わる。

最終的にコンテンツの中身を決定するのは編集だが、載せる内容から逆算してどのようなページにするのかまで考える必要があるからだ。全体のレイアウト、文字と写真のサイズ、配置、ユーザーが閲覧したときの速度など挙げればきりが無い。

もちろん人による差はあるものの、ヤフーの編集者は、上記のようにして業務を担当する。

職種や領域、出面などの複雑化した要素を「編む」人こそがWeb編集者であり、そうしたコンテンツやサービスを提供することが求められている。

ただ、他のメディアでは180度違う業務をしているところもある。各メディアの価値観によって、編集のあり方は変わる。これも共通の「正解」が導けない、と言った理由でもある。

Webメディア現在進行形の事例

2021年現在、新型コロナウイルス感染拡大の影響もあり、メディアとユーザーのあり方はさらに大きく変わりつつある。

全世界的に物理的な外出は制限される一方で、ライブ配信で商品やサービスを売るライブコマースは空前の活況となり、YouTuberなどへの投げ銭も非常に盛況だ。また、こうした状況の後押しもあり、大手出版社の電子書籍の売上は過去最高になった。

　外部環境の急激な変化が起きる状況下では、Web編集における解答テンプレートや、ひと昔前の成功体験は通用しない。

　このコラムに続く第2部では、2021年現在の優れたWeb編集者の取り組みを紹介している。ここに登場する人たちもまた、Webメディアの現場で試行錯誤と挑戦を続けている。

　急激な変化の中でも、最前線で結果を出し続けている彼ら・彼女らの創意工夫やノウハウが、読者のみなさんそれぞれの「正解」を見つけるためのヒントとなることを願ってやまない。

Yahoo!ニュース・前田明彦

第 **2** 部

トップWebメディアの
現場の流儀

1

月間225億PVのプラットフォーム

Yahoo! ニュース

媒体概要 https://news.yahoo.co.jp/ ｜運営会社：ヤフー株式会社｜設立：1996年｜収益モデル：広告による「無料モデル」｜人員構成：25名（編集部）｜売上・PV等：225億PV／月（2020年4月）

24時間体制で1日7000本のニュースをウォッチ

　2020年4月、月間ページビュー（PV）が過去最高の225億PVを記録した日本最大級のプラットフォーム「Yahoo!ニュース」。新聞・通信社、雑誌、TVなど600以上のメディアによる記事や映像、また個人の書き手が執筆する記事と、多種多様なニュースが1日約7000本配信されています。

　Yahoo!ニュースの編集部に在籍する編集者は、25人。その主な仕事は、トップページに掲載される「Yahoo!ニュース トピックス」を編集することです。シフトによる交代制で、1日約7000本のニュースを24時間くまなくウォッチし、Yahoo!ニュース トピックスとして100本あまりを選び出します。

「トピックス編集では、記事の選定は個々で行いますが、掲載するかどうかは合議のうえで決定します。シフトに入った4〜5人の編集者のそれぞれが『公共性』と『社会的関心』の面から取り上げるべきニュースを選び、Slack上で報告。異論があった場合は議論をして、掲載するか否かを決めています」（高橋さん）

　掲載にふさわしいと判断されれば、ニュー

Yahoo!ニュースでは、PC版では8本、アプリでは6本のトピックスが掲載されている。

「Yahoo! ニュース」における「編集」の仕事

☐ 公共性と社会的関心の高いニュースを合議制で選ぶ
☐ 切り口をチューニングしてニッチなネタを広く伝える
☐ 今ある資源を生かして「ニュースの届け方」を作る

高橋洸佑編集部員
2015年ヤフー株式会社に新卒で入社し、現在は、Yahoo! ニュース
トピックス編集リーダーとして勤務。ミレニアル世代向けの企画な
どにも携わる。

スにつける14.5文字の見出しを考え、「ココがポイント」として Web 上の関連情報を要約して付記。社内の専用ツールで入稿後、別の編集部員による校正を経て、公開に至ります。

校正の際、担当者は誤字脱字だけでなく、誤読を招かないように、見出しや「ココがポイント」で引用する情報の妥当性もチェック。編集部全体で、どのニュースをどういった形で伝えるのが最良か、常に検討しています。

「1つのニュースのセレクトから編集、掲載までにかかる時間は、長くても30分程度でしょうか。どのニュースを取りあげるか考えたり、他の編集者の選んだニュースをチェックしたり校正をしたりと、業務時間はバタバタと過ぎていきますね」（高橋さん）

Yahoo! ニュースの強みを生かしたコンテンツ作りとは

Yahoo! ニュースは、日本最大規模のユーザーを抱えています。「巨大なニュースプラットフォームの編集者が日々の業務で培っているのは、情報の価値判断能力だ」と編集部の井上芙優さんは指摘します。

「トピックス編集は、日本中のユーザーに向けて届けるニュースを選び、わかりやすく伝えるのが目的です。日々、ニュースの価値を判断して選び、見出しと関連情報を編集して、いかに届けるかを試行錯誤し、そのフィードバックがデータとして明確にわかります。そのため、全国のユーザーが何に興味・関心を持ち、どうしたらニュースを受け取ってもらいやすいのか、肌で覚えることができるのです」（井上さん）

日本中のユーザーが何を求めているのかを知っているのは、Yahoo! ニュー

スの大きな強みでしょう。Yahoo! ニュース オリジナルのコンテンツ制作にも、それは生かされています。

　例えば、ニュースを配信する媒体社とタッグを組んで、オリジナルコンテンツを作る「共同企画」。編集権は媒体社が持ち、Yahoo! ニュースは企画作りのパートナーとして参加します。

「共同企画では、パートナー媒体の特性や目的、課題に合わせて、より多くのYahoo! ニュースユーザーに届けるにはどうすればいいかを考えるのが仕事です。ユーザー属性ごとの数字的なデータ、あるいは編集者が日頃から抱えている問題意識を提示しつつ、企画の切り口や見出しの表現を提案します」（高橋さん）

　例えば、静岡新聞との共同企画では、「駿河湾産サクラエビの記録的不漁」というテーマを全国に届けることが目的に掲げられました。単なる一海産物の不漁にとどまらず、環境汚染や不法投棄、水利権問題にまで話が及ぶトピックです。

　しかし、熱心に取材を続ける静岡新聞の思いとは裏腹に、地域内でしか議論が行われないという課題がありました。Yahoo! ニュース編集部では、この問題は全国的にはまだ関心が高まっていないことなどを指摘したうえで、「より広く伝わるように、キーワードを説明することから始めたらどうか」といった提案を行いました。

　また、30代〜40代の女性読者からあつく支持されている雑誌『レタスクラブ』との共同企画では、年齢、性別を超えて家事にまつわる固定観念からの「解放」を目指し、「#ねばからの解放」をテーマに掲げました。

Yahoo! ニュースでは、他のプラットフォーマーとの差別化を図るため、2015年からオリジナルコンテンツを展開している。

　『レタスクラブ』と打ち合わせを進めるなかで、そもそも家事の従事者とされている女性読者以外の層に情報を届け、広く社会全体で考えることが重要ではないかと思いました。そこで、記事の内容は読者に向けつつも、企画テーマを年齢や性別の異なるユーザーにも刺さるワードで作るなど、検索データ

をもとに企画初期の段階から提案をしていきました」（高橋さん）

　ユーザー属性に関する知見は、Yahoo!ニュース内の課題解決にも生かされています。それが、平成初期生まれのミレニアル世代をターゲットにした取り組み「ミレニアル・プロジェクト」。

　現在、Yahoo!ニュースの主なユーザー層は30〜40代です。同プロジェクトの目標は、若年層ユーザーの掘り起こしという長年の課題に取り組みつつ、既存の読者にも愛されるような記事を作ること。編集者は企画、編集の業務を担い、Yahoo!ニュースの独自コンテンツとして配信しています。

伝わりやすさの向上を目指して改善した、「ココがポイント」

「特に世代ごとに興味関心が細分化される傾向があるエンタメジャンルで、広い世代に向けてどんな記事作りができるかを模索していくことになりました」（高橋さん）

　企画のヒントとなったのは、見出し作りを通して知った「読まれる記事」の特徴でした。記事の語り手（だれが）と語られる内容（何を語るか）の掛け合わせに意外性があるほど、記事は多くの人に届くのです。

「水嶋ヒロはいま何をしてるのか？——表舞台から姿を『消した』理由、バッシング、家族を語る」（Yahoo!ニュース特集）ならば、若い世代の興味をひく水嶋ヒロという取材対象に、既存ユーザーの興味をひく「家族」「経営」といったテーマを掛け合わせています。主に「語り手」に惹かれるミレニアル世代と、主にテーマに惹かれる30代、40代のユーザーのどちらにも響く記事を実現していったのです。

　こうした手法を用いることで、この企画からは数々のヒット記事が生まれています。

「届け方を作る」という新しい編集のかたち

　Yahoo!ニュース編集部には、トピックス編集以外のメンバーもいます。ニュース企画部の涌井瑞希さんは、トピックスを編集することで培ったスキ

ルを生かし、Webページ改善のディレクションに従事。「情報の届け方を作ることも編集の仕事の1つ」だと話します。

「直近では、見出しをクリックすると表示される『ココがポイント』の改善を行いました。トピックス編集の際、編集者はここに記事の関連情報をまとめますが、テキストリンクだけでなく、Q&A形式で掲載したり、関連記事の図版などを掲載したりできるように変更し、伝わりやすさの向上を目指しました」（涌井さん）

そのほか、Yahoo!ニュースの一機能である「みんなの意見」も「ココがポイント」へ掲載可能に。トピックスの関連した問いに対する回答をグラフで表示できるようになりました。

「トピックス編集では『よりよい選択のきっかけとなるニュースを早くわかりやすく届ける』をコアバリューに、有益なニュースを硬軟織り交ぜてピックアップしています。ただ、政治経済など難しいニュースはどうしても伝わりづらい。『ココがポイント』で補足情報を追加し、理解を手助けできればという狙いがあります」（涌井さん）

コロナ禍では、「みんなの意見」を活用した特集サイト「私たちはコロナとどう暮らす」を開設し、不安が広がる中にも希望が見出せるような企画を打ち出しました。

コロナ禍のニュース体験はネガティブなものになりがちですが、ポジティブに暮らすためのヒントとなる記事を提供しています。

「ユーザーに寄り添うべく、取り上げる内容は『みんなの意見』で、1つひとつ声を募りながら設定していきました。リアルタイムに状況が変化するテーマだったので、ユーザーの声から生まれた記事を公開する際は、そのテーマに関連する『みんなの意見』をあらためて集め、その結果を付記することもありました」（涌井さん）

「不安が広がる中でも希望が見出せるように」と、ユーザーに寄り添った内容が好評だった「私たちはコロナとどう暮らす」

ヤフーという大企業で編集者が働くメリット

　現在、25人が在籍するYahoo!ニュース編集部のうち、中途採用メンバーは20人ほど。そのバックグラウンドは、新聞社や通信社、テレビ局、テレビ番組の制作会社、映像系の制作会社などのメディア関連が大半です。

　2012年に時事通信社から転職した井上さんも、その一人。動機となったのは、「ニュースを読者にきちんと届けられる場に行きたい」という思いでした。

　「前職では、現場取材をして記事を書く記者職にやりがいを感じる一方、若者のニュース体験の場が紙からインターネットに移行していく中で戸惑ってもいました。『いくらいい記事でも、読者に届き、次なるアクションにつながらないと意味がないのでは』と思い悩んでいたのです」（井上さん）

　他方、新卒でYahoo!ニュース編集部に入った高橋さん、涌井さんも、多くの人にリーチできることを魅力に感じたことが、志望理由となったそうです。さらに井上さんは、Web業界の大企業で編集者として働くメリットも感じています。

　「Yahoo!ニュースというプラットフォームは、ヤフーという多様なサービス、媒体を抱える大きな会社のなかで、編集だけでなくエンジニアやデザイナー、営業など、さまざまな職種が関わり合いながら作られています。かなり特殊ですが、編集者として多くのチャンスに出合える環境だなと感じます」（井上さん）

　この環境が編集者の幅を広げるだけにとどまらず、思わぬ未来へとつながりました。井上さんは2020年4月、Yahoo!ニュースとは別のコンテンツ制作の部署へ、サービスマネージャーとして異動になったのです。

　「自分がマネジメントの仕事まで経験できるなんて、前職では想像もしていませんでした。編集スキルを生かして組織作りをしたり、人事や採用をしたり、サービスを作ったりと、多様なキャリアパスを描けるのは新鮮です。ニュースの切り口や見せ方、伝え方についての知見は、Yahoo!ニュース以外のコンテンツ作りにも役立っています。また、ユーザーに何かを届けるという意味では、組織や人、お金を編むことも、広義の『編集』なのかもしれません」（井上さん）

現在、井上さんは育休中。打診のあった時点ですでに妊娠がわかっていましたが、「途中で抜けることになるけれど、異動してみませんか」と告げられ、驚いたそうです。ライフイベントが当然あるものとして受け止められている労働環境は、マスコミ業界、Web業界ではまだまだ珍しく、ヤフーという体力のある企業ならではといえるでしょう。

「多忙なことが当たり前だったメディア業界ですが、多様な働き方が実践されていくなかで新しい基準を作っていけたらいいですね。子育てをしながらキャリアを積むという意味でも、編集者の未来を開拓できたらと考えています」（井上さん）

「届ける」を追究して拡大する「編集」のフィールド

日本におけるインターネットニュースの歴史のなかで、ずっとトップを走り続けてきたYahoo!ニュース。もともと災害に備えて国内に複数拠点を持っていましたが、コロナ禍では完全リモートワークへ移行し、働き方にも変化が生まれました。

一方で、「編集者としてのマインドには変化がない」と高橋さん、涌井さんは明かします。現役でYahoo!ニュースに関わるお二人は、今後どのように編集の仕事に取り組んでいこうと考えているのでしょうか。

「今、あらゆるニュースにおいて、ユーザーの興味関心が細分化しているのを感じます。とはいえ、Yahoo!ニュース トピックスは良くも悪くも多くの人に届いてしまう場所。その価値を前向きに捉え、『より広く届ける』を突き詰めていきたいですね」（高橋さん）

ユーザーデータという資源をさらに有効活用していきたいと話す高橋さんは、今後の活動を見越して編集以外の職種とのより細かな連携も視野に入れているそうです。

「特に、検索で得たデータの分析は、まだまだ手つかずになっています。あるワードで検索をした人たちが、実はこういうことにも関心があるといった傾向を導き出し、共同企画などに生かしたいですね」（高橋さん）

他方、涌井さんは「届け方を作る」という視点で、編集という仕事の幅を広げることに意欲を見せます。

「自身のディレクションスキルの向上はもちろん、ディレクションのできる

人材を育成したり、ともに制作をしてくれるエンジニアやデザイナーを増やしたりしながら、より幅広い業務に携わっていきたいです」（涌井さん）

　例えば、アプリの新しい機能を作る場合、機能の名称や説明文、ストアでの紹介文など、ユーザーに届けるために重要な言葉の仕事はたくさん存在します。どれも「より深く届ける」意味では欠かせない役割です。

　初めは、世にあふれる数多くのニュースをピックアップし、目の前のユーザーにただ届けることが仕事だったYahoo!ニュース編集部。そこで得た経験やデータを生かして行われてきたのは、「埋もれがちなニュースの価値を高め、より多くのユーザーにより広く、深く届けること」です。

　価値ある情報が届くべき人たちのもとへ届き、理解される。日本で最大規模のユーザーを抱えながら、この普遍的な命題に多角的に取り組んできた編集者たちは、この先「編集」をどのように拡張していくのか。その未来は、これからの編集者の道しるべになっていくのかもしれません。

 「Yahoo!ニュース」の教え

● 「プラットフォーム」ならではの企画で勝負
● 「編集者」の未来を開拓する
● より多くのユーザーにより広く、深く届ける

2

ラーメンから経済まで、読ませるニュースサイト

東洋経済オンライン

媒体概要 https://toyokeizai.net/ ｜運営会社：株式会社東洋経済新報社 ｜設立：2003年（デジタルメディア事業）｜収益モデル：広告による「無料モデル」｜売上・PV等：2億〜3億PV／月

新型コロナ感染拡大で注目度がアップ

「東洋経済オンライン」は、2020年5月の自社PVが3億457万PVに達しました。

この記録は、過去最高のPV数となりました。2012年11月にサイトを全面リニューアルして以来、着実に数字を伸ばしており、2019年末頃からはコンスタントに月間2億PV台を維持していました。

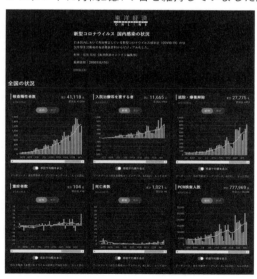

一目で見やすくデータをまとめた、「新型コロナウイルス 国内感染の状況」

編集長を務める武政さんは、「他のニュース系サイトも同様だと思いますが、やはり新型コロナウイルスの感染拡大でコロナ関連の情報を求めるニーズが高まったことが大きく影響しました」と語ります。

特に、2020年2月末に開設したデータダッシュボード「新型コロナウイルス 国内感染の状況」が大きな注目を集めたそうです。

日々刻々と移り変わる発生状況を、厚生労働省から

□ 「健全なる経済社会の発展」に貢献すること
□ 「正義」ではなく「正しさ」を追究
□ PVは大事だが、求めるものではない

武政秀明編集長
たけまさひであき
1976年生まれ。98年大学卒業後、国産大手自動車系ディーラーセールスマン、日本工業新聞（現フジサンケイ ビジネスアイ）を経て2005年、東洋経済新報社入社。編集長を経て、現在は東洋経済オンライン編集部長。

公表されているデータと組み合わせ、独自にビジュアライズしたもので、スマートなデザインが目を引き、データの取り扱い方について詳細な注釈がついているのも特徴です。

「データ事業はうちの会社のビジネスの柱のひとつ。データを使って見せる手法は得意とするところなんです」

「新型コロナに関してビジュアルなページをつくれないかと、編集部のデータ担当に持ちかけました。『どうすればいいんだ？』と担当者はぼやいていましたが、バラバラに報じられているデータをまとめて、一目で感染の状況や日ごとの変化がわかるページを考えてくれ、すぐに実現しました」と武政さん。

　ネットメディアならではのスピード感で制作されたページは、改良を重ねることで、ピーク時には1日に40万人が訪れるコンテンツになっています。

「読者の関心や知りたいことにどう応えていくのか。メディアにとって改めてその点が重要だということを感じました。読まれる記事とは、読者にとって有益なテーマを独自の切り口で、説得力ある内容にまとめ、よいタイミングで、興味をひくタイトルをつけて発信すること。それが編集者の仕事の基本と考えています」

スタートは投資家向け情報サイト

「東洋経済オンライン」を運営する東洋経済新報社は、1895（明治28）年創刊の総合経済誌『週刊東洋経済』、1936（昭和11）年創刊の企業情報誌『会社四季報』で知られる老舗出版社。

現在では雑誌、書籍の編集・発行、各種統計や企業情報を販売するデータ事業、セミナー開催などのプロモーション事業、そして「オンライン」を含むデジタルメディア事業が、収益の5本柱になっています。

「東洋経済オンライン」は、「日本経済新聞電子版」のような有料課金モデルではなく、基本は広告収入による無料サイトで、自社が展開する各事業のハブ的な役割も果たしています。

『週刊東洋経済』はじめ雑誌と連携し、会員制の「東洋経済プラス」や「四季報オンライン」といったデジタル版への送客、刊行書籍のプロモーションや手がけるセミナー事業のPRや集客といった役目もあります。

　このように、オンライン単体で稼ぐ以外にも、会社の事業を世に出していくプラットフォーム的な側面も持っているのです。

　こうしたビジネスモデルは、当初から構想されていたわけでなく、「いわば偶然の産物」だったと武政さんは話します。

「私は、2010年にオンライン編集部へ異動を命じられました。オンラインができた2003年から2011年くらいまでは、社内ベンチャー的な位置づけで、どちらかといえば日陰者的な存在でしたから、私自身も『この部署には行きたい』などとは思っておらず、複雑な心境の中で異動しました」

　当時のオンラインは、『会社四季報』の要素が強い、投資家向けの色彩が強いメディアだったそうです。

「うちの記者は全員、"自動車"、"金融"といったように、業界ごとに企業単位の担当社を持っています。その企業の業績を四半期ごとに取材し、今後の予測を『会社四季報』に掲載している。その業績にかかわる部分を『四季報速報』として、ネットで配信していくのが業務の中心でした。

　しかし、法人や投資家向けに配信するにも限度があるので、ビジネスパーソンだけでなく、主婦や学生など、より幅広い層の人々に読んでもらえる方向に、2012年のサイ

現在の「東洋経済オンライン」のトップページ。

トリニューアルを機に大きく方針変換しました」

短い記事は読まれない。読み物中心にリニューアル

　そのターニングポイントになったのが、東日本大震災でした。
　当時の「東洋経済オンライン」は月間200万〜300万PVほどのサイトでした。
　しかし、震災直後に、被災した企業の状況を取材して伝える記事を配信したところ、一時的ですがPVが倍増しました。この結果から、コンテンツをしっかり集めて出せば、効果は出ると確信を持つことができました。
　さらに1本ごとの記事を分析していくと、「発表モノをまとめたような短い記事は読まれない」ということがわかりました。
「『四季報速報』は月に100本以上配信していましたが、合算してもページビューはびっくりするほど少なかった。一方で、雑誌でいえば2ページ以上にあたる2000〜3000字でしっかりと背景まで含めて分析した記事を出すと、当時でも4万〜5万PVを獲得するものがありました」
「この違いとは何か。結局、読者は賢いので、発表情報を基にさらっと書いた情報はすぐばれてしまう。オンラインを大きくしていく過程で意識していたのは、とにかく雑誌と同じクオリティのものを、手を抜かずに作り込まないと読まれない、ということ。これは本当に痛感させられました」
「ほかにはない切り口があって、しっかりとしたエピソードやデータ、ファクト、ロジックがあって、ストーリーができている記事を読者は選り分けて見ています。雑誌とは出すタイミングや見せ方は違いますが、そこに詰まっている品質は同じでないと勝負できないのです」

雑誌とデジタル、本質的な違いはない

　では、デジタルと雑誌の違いとは何でしょうか。
『週刊東洋経済』の副編集長も兼任し、2020年の春から「東洋経済オンライン」副編集長を務めている井下さんは「コンテンツを作るという意味では、あまり違いを感じない」といいます。
「違うとすればスピード感とタイミングの重要性でしょうか。以前、雑誌と

オンラインの両方へ記事を出す仕事を担当していたときよりも、情報が流れていく早さや、拡散するスピードがより増していると実感しています。雑誌には今日起きたことは載せられませんが、オンラインならすぐ出せる。アウトプットの方法が多様になっていることを、記者はメリットだと感じていると思います」

「一方、単にスピード勝負ではなく、少し時間をおいて、切り口を変えて出すこときっちり読まれる場合もある。タイミングをはずすと、絶対読まれると思っていた記事が、全然読まれないこともある。オンラインではそれがシビアにわかるのが、難しく面白いところです」

矜持を持って「読まれる記事」を模索、PVを伸ばす

　オンライン編集部には12人の編集部員が所属。井下さんのように社内の記者が書いてくる記事をまとめるメンバー以外にも、フリーライターやエコノミスト、企業のアナリスト、弁護士や公認会計士といった多彩な外部ライターに記事を発注し、発信する担当もいます。

　他にも、データ部門が作成する様々な指標をもとにしたランキング記事、他の出版社や通信社からの転載記事も配信されます。その数は月に600〜700本にのぼります。硬派な経済記事はもちろん、教育やライフスタイルからラーメンやアイドルの話題まで、その内容はバラエティに富んでいます。

井下健悟（いのした・けんご）副編集長
1975年生まれ。99年に東洋経済新報社に入社。現在は「東洋経済プラス」の編集長も兼務。

「読者がリアルに感じている経済を、どう届けていくかがポイントです。身近なテーマを切り取り、自分事としてとらえてもらえるように、記事に具体的なヒト、モノ、コトとして落とし込んでいくと、読者にとってのリアリティーや当事者感が生まれる。そうした小さなリアルを積み重ねていくことで経済という現象を伝えることができる。そのためには、自前のコンテンツだけにこだわらず、いろんなものを集め、たく

さんの人に来てもらうことが重要なんです」と武政さんは話します。

創業者の「健全なる経済社会の発展」という言葉を胸に

その際の基準になるのは、創業者・町田忠治が残した社是「健全なる経済社会の発展」に貢献するかどうか、という視点だそうです。

「読まれるなら、何をやってもいいというわけではありません。読まれた指標であるPVはとても大事ですが、求めるものではないと、編集長に就いた時に打ち出しました。『それはあくまで自分たちの存在意義を知らしめていくためにつくったコンテンツの集積の結果である』と。そのためにやるべきこと、やらないことを整理しました」

「PVも期待できてやるべきものは、もちろんやる。PVが期待できなくてもやるべきものは、切り口や見せ方を工夫しながらやる。問題なのは、PVは期待できるけれども、やってはいけないもの。これは魔物のようなところがあり、フェイクニュースには手を染めずとも、扇情的なあおりや根拠の薄い表現に走ってしまうことは起こりうる。常に矜持、理念、節度を持ち、読者が求めるコンテンツを提供していくというのが、現在の方針です」

さらに、武政さんは「正義」ではなく「正しさ」を求めるといいます。

「記事は書き手の主観や正義を押しつけるものであってはならない。客観的事実をベースに正確に報道することで、読者が受け入れてくれるものをつくる。そうした読まれる記事を出すことが、媒体の支持や信頼につながり、ブランドになっていくのです」

編集者は「併走者」「編んで集める」存在

では、そうした記事を世に送り出していく、Web編集者に求められる資質とは何なのでしょうか？

井下さんは「自分自身まだ手探りの状況ですが、やはりコミュニケーション力が一番大事だ」と話します。「相手が社内の記者になる私の場合は、ネタをとってきた記者に共感しつつ、一歩引いて冷静な視点を持つことも重要ですね。あくまで黒子として、記者とは少し離れて併走する形で意見交換しながら、良い記事を出していきたいと思っています」

武政さんは「メディアの特性によって違いはあるでしょうが、編集者とは、その名の通り“編んで集める”役割だと考えています」といいます。

　自分が表に立つのではなく、記者や書き手のプロフィールや人生経験から、個性を見極め、得意分野を引き出した上で、媒体の特性に合わせて“編んで集める”ということです。

■ 編集者に必要なコミュニケーション力

　そのためには、表現力や切り口やテーマを考える企画力、文章を整える力などは必須で、さらにやはりコミュニケーション力が重要です。

「編集者は一人で仕事ができない。なので結局、どれだけ多くの人の力を借りることができるかが鍵になる。そのためには、自分の得意なことは何かを知っていなくてはいけません。

　例えば、文章を整える力やタイトルをつける能力、読者の関心を得られそうな企画のイメージを伝えるのが得意なのだとしたら、その得意分野と、相手の得意なところを掛け合わせることで面白い企画や切り口、コンテンツが生まれるのだと思っています」

「自分の得意がわかっていないと、相手の得意なことも引き出せませんよね。自分の良さと相手の良さを、同時に“編んで集めて”いけるのが、よい編集者と私は考えています」

　また、自分の良さや得意を生かしていけるように武政さんは、編集者として「なるべく好きな人、気の合う人と付き合うようにしている」そうです。

「私の場合、関心のあるテーマや企画で、常に外部ライター50人以上、出版社20社以上と連絡を取りながら、月に60本ほどのコンテンツを用意します。もちろんバランスは取らなければなりません。ただこの状況になると、なるべく好きな人、気の合う人と付き合っているだけでも仕事は回るんです。こうした状況を作る方が大事だと思います。

　仕事の上では、オールマイティーを目指さなくてもいい。苦手を克服するより、自分ができないことを認めて、人にまかせる。それぞれが好きなこと、得意なことを一生懸命やっていくことで、自然と全体的にバランスがとれてくるものです。規律と節度、理念を守った上で好きなことにチャレンジできる。そうした編集部の自由さは、結果にもつながってくると思っています」

まとめ 「東洋経済オンライン」の教え

- 編集とは「編んで集める」こと。黒子に徹せよ
- 自分の得意と相手の得意を掛け合わせて、引き出す
- 好きな人、気の合う人と付き合うだけで仕事が回る状況を作り出す

3

スクープの価値を最大化して急成長

文春オンライン

媒体概要 https://bunshun.jp/ ｜運営会社：株式会社文藝春秋｜設立：2017年（デジタルメディア事業）｜収益モデル：広告による「無料モデル」｜人員構成：20名（編集部）｜売上・PV等：4億PV／月

「ゴシック体」で20代〜30代をターゲットに

「『週刊文春』の読者層は40代〜50代が中心。『文藝春秋』は60代前後。スポーツ誌の『ナンバー』も今は40代〜50代前後。この3誌には、若い世代の読者が多くない。そこでまずは、20代〜30代に読まれるサイトにしたいと考えました」

そのときにこだわったのが、ロゴのデザインでした。「文春オンライン」は細めのスマートなゴシック体を採用しています。ただし、これを社内で認めてもらうのには大変な苦労をしたといいます。

文藝春秋では、主要雑誌の題字が示すように、伝統的に「明朝体」の文化。「偉い人に呼び出され、『いいか文春は、明朝なんだぞ』といわれ、なかなかOKがもらえませんでした」と竹田さんは笑います。でも、これまでの「文春らしさ」とは違い、「文春オンライン」は新しいメディアだ、というメッセージを発するためにも、ロゴの書体にはこだわりました。

もうひとつ意識したのは「おじさん目線」を排除すること。

「文春オンライン」のロゴは、紙の雑誌とは異なり、ゴシック体が採用されている。

　例えば、流行カルチャーに対して、「おじさんにはよくわからないが……」といったスタンスはやめようと呼びかけました。若者の流行なら若者の目線で向き合っていくように、意識を改革しました。

「WebではTwitterからたまたま流れてきて読みにくる、といったケースも多い。そのときに、若い人から『これは自分たちのメディアじゃない』と思われるのはマイナスです。なので、サイトのキャラも決めすぎないように、できるだけ年齢不詳でユニセックスなイメージにしようと、当初から心がけていました」

　一方で、サイトの柱となる記事＝コンテンツについてはあまり心配していなかったそうです。

「私が『文春オンライン』の初代編集長に就任した2016年当時も、『週刊文春』は絶好調。スクープを連発していました。しかし、まだ本格的にはWeb展開ができていなかった。なので、『こうした強い記事をきちんと使えば、うまくいくだろう』という妙な確信はありました」

　さらに2016年末に明らかになった、キュレーションサイトの不正問題も追い風になりました。

「本当か嘘かわからない情報が掲載されているサイトが淘汰され、ファクトの価値がより高まったタイミング。ここから、新たなことをスタートできるのは、むしろチャンスだと思いました」

　これはまさしく、"世の中の「ほんとう」がわかります"という「文春オンライン」のキャッチフレーズが、時代にぴたりとはまったともいえそうです。

IT業界から人材を投入、開発と編集の両輪で回す

　2017年1月にローンチした文春オンラインですが、半年後にいきなり大きな転機を迎えます。それは、Webディレクターとして、浪越あらたさんが専属メンバーに加わったことでした。浪越さんは、SE（システムエンジニア）としてキャリアをスタートし、ライブドアやLINE、ミクシィでWebサービスの開発にかかわってきました。そして、文藝春秋には開発ディレクター募集の求人に応じ、転職してきました。

「新卒入社以来、ずっとIT業界で働いてきたのでとても新鮮でした。文藝春秋は『紙が多い職場だな』というのが第一印象でした」

「出版社の人間は面白いコンテンツさえあれば、ビジネスはうまくいくという『コンテンツ至上主義』に陥りがちだ」と竹田さんはいいます。

「一方で、Webの世界は『サイトの見せ方』や『ユーザーをどうやって回遊させるか』といった、別の視点で考える人が絶対に必要になります。記者と編集者だけの力で、これ以上成長させるのは無理だと感じていました」

　サイトの機能開発や仕様の検討、データ分析などを担当することになった浪越さんの提案で始まったのが「PV会議」です。週に一度、編集、開発、広告などの「文春オンライン」に関わる全メンバーが集まり、PVの高かった記事について、その理由を考える場です。

浪越あらた（なみこし・あらた）さん
ライブドア・LINEなどを経て、2017年に文藝春秋に入社。同年より「文春オンライン」Webディレクターを務める。現在は、デジタル・デザイン部に所属。

「それまでは、月ごとに読まれた記事ランキングは出していたけれど、『どこから流入してきたのか』とか、『どこまで読まれたのか』といった細かい分析はしていませんでした。また、記者にとっては『いい記事をつくりたい』『PVを狙うなんて下品』という感覚もあって、なかなかチームが1つになれないジレンマがありました。なので、1週間のうちで30分だけでも、『みんなでPVのことだけを考えてみよう』というのはと

ても重要でした」と竹田さんは、当時を振り返ります。

「なぜその記事は読まれたのか」、その理由はすべてわかるわけではありません。しかし、それぞれの立場から自由に意見を述べあうことで、編集を聖域化しないフラットな関係やチームの一体感が生まれます。これは新聞社や出版社など伝統的なメディア企業にありがちな、組織の硬直化への対策にもなりそうです。

　浪越さんも「開発側はポジションが下で、『提案しても受け入れてもらえない』といった悩みを抱える現場もあると聞きます。しかし、文春オンラインの場合、両者は対等です。編集と開発という両輪の足並みが揃っているところも成長の要因だと感じています」と語ります。

『週刊文春』と一体化、スクープ最適化を進める

　文春オンラインが初めて月間1億PVを超えたのは、2019年4月。そこに至るまでには、もう1つの大きな転機がありました。「組織変更」です。

　文春オンラインの所属はこの期間中に何度か変更されています。2018年、宣伝プロモーション局からデジタル戦略事業局。さらに2019年4月、デジタル戦略事業局から週刊文春局へ。このような経緯を経て、「文春オンライン」は、週刊文春編集部と机を並べて仕事することになりました。

　オンラインでも、『週刊文春』のコンテンツは読まれます。心理的にも物理的にもより距離を近づけ、両者がコミュニケーションを深めることで、さらなる連携を図れば、Web上でも、もっとうまくコンテンツを展開できるはずという狙いがありました。

　さらに、文春オンライン上にも、スクープを狙う「特集班」というチームが生まれ、雑誌には載らないWeb先行の芸能スクープも、かなりのPVを稼いでいます。

　竹田さんは「スクープは水もの。定期的に出るわけではないので、『どのタイミングで、どのチャンネルで売っていくのが効果的か』については、雑誌の編集長とも常に話し合っています」といいます。いわば、スクープの最適化は「文春オンライン」の重要な戦略です。

　また、『週刊文春』の発売1日前に、Yahoo!ニュースとLINE限定で、スクープ記事を1本200〜300円で販売しています。さらに、ニコニコ動画では月額

880円の読み放題のサービスも展開しています。加えて、2021年3月からは、『週刊文春』のスクープ記事がすべて読める「週刊文春 電子版」もスタートしました。

　Yahoo!ニュースは40代〜50代のビジネスマン、LINEは30代前後の女性、ニコ動は20代〜30代のアイドル好き……とそれぞれのプラットフォームで読者層も異なるため、掲載する媒体に合わせて、配信記事を変えることもあります。

　こうした状況であるため、無料サイトである「文春オンライン」上では、『週刊文春』の記事は全文を掲載せず、「スクープ速報」といった要約記事を配信し、続きが読みたい人を課金や雑誌購入へと誘導しています。

　例えば、2020年に圧倒的に売れた記事は、人気お笑いタレントのスキャンダルでした。報道がなされる前に、本人が芸能活動自粛を発表するという異例の展開で、様々な臆測情報が流れ、否が応にも注目が集まっている状況でした。その中で、「どのタイミングで公表するか、『週刊文春』編集長と慎重に協議し、最終的には、記事は何万本単位で売れることになりました」

　組織変更以降、「文春オンライン」は2019年10月には2億PV、2019年11月には3億PVを超えるなど、ハイペースで躍進をしていくことになりました。

　そして、2020年6月には、4億2967万PVを記録することになりました。このように急激な躍進を遂げた理由は、まだまだあります。

　まず、浪越さんを中心に取り組んだ「写真ページの速度改修」です。文藝春秋には長い歴史に裏打ちされた写真資産が豊富にあります。それらをストレスなく楽しんでもらえる仕組みを作り、ユーザー体験が向上したことは、PVが飛躍的に伸びる1つの要因と考えられています。

　そしてもう1つは、「過去記事の活用」です。2019年は、有名俳優が麻薬取締法違反の疑いで逮捕され、NHK大河ドラマを降板するなど大騒動になりました。遡ること2012年、『週刊文春』ではその俳優の薬物疑惑を、既に大きく報じていました。しかし、当時は事務所に全否定され、他メディアの報道もなく、真相はうやむやになりました。

　このときに掲載した記事を、逮捕を契機に再公開したところ、PVがぐんと伸びたそうです。

「過去の記事でも今出すことに意味があれば数字が取れることがわかりました」

「こうした時を超えた"スクープ"が成立するのも、しっかり取材してきた自社の持つコンテンツの強みなのだ」と、竹田さんは再認識したそうです。

「異質」な存在が社内を変える？

伝統的なメディアにとっては、紙媒体とデジタルのすみ分けは悩ましい問題です。「記事を無料でネットに流すと、雑誌が売れなくなる」といった単純な拒否反応は、Webの影響力の増大で薄れています。しかし、懸念はすべて消えたわけではありません。

そんな中で、竹田さんが心がけたのは、「常に記事とその作り手に敬意を払うこと」でした。

「デジタルの人には、1つの商品や数字の道具としてしか見ずに、記事を雑に扱ってしまいがちなところがあります。そういう姿勢を見せると、記者からは『こいつには記事を預けられない』と思われてしまう。なので、自分は今でも大事な記事を使わせてほしい時には、相手のデスクまで出向き、きちんと説明してお願いするようにしています。たしかに古くさいやり方かもしれません。しかし、こうしたリスペクトとコミュニケーションが何よりも重要だと思っています。自分もそうされたら嬉しいですしね」

さらにもう1つ竹田さんが心がけたのは、実際に記事が読まれることで「どれだけ稼いだのか」を、金銭に換算して提示する「見える化」を導入したことでした。「無料で配信された記事でも、売り上げに貢献していることを数字で実感してもらいたい。今はデータ上だけですが、近いうちに実際の決算にも反映させる予定です。収益を分配し、書籍や雑誌の売り上げの落ち込みをカバーしていくのは、これからの目標でもあります」と竹田さん。

その結果、「無料でも文春オンラインに記事を出そう」という社内各部署のモチベーションがあがってきたといいます。

古い体質が残る出版社がデジタルにシフトしていく。その中で、IT業界からやってきた浪越さんの存在は、「文春オンライン」のみならず、社内に大きな影響を与えてきました。まず取り組んだのは、会議での紙資料の廃止です。

「どう考えても印刷物がもったいないので、用紙代や印刷コストなどのデー

タを挙げて、すぐやめてもらいました。ただ会議にPCを持ってこない人がいるので、プロジェクターが必要にはなりましたけど」

また、ビジネスチャットツール「Slack」を導入し、社内の連絡ツールを変えてしまいました。

「自分が仕事をしやすいように変えてもらった感じです。仕事のためといっても、なかなか使ってもらえません。そこで、社内のお酒好きが集まって飲み会をする趣味のチャンネルを作ることから始めました」

「うまい酒の情報を知りたければSlackをやればいい」と誘導しながら、徐々に利用者を広げていき、今では社内の約8割に普及したそうです。また、「あえて異質な存在であろうとしていました」と浪越さんは当時を振り返ります。

わざとピンクの帽子をかぶって目立ったり、朝の打ち合わせを立ったままで行い、Webの部署っぽさをアピールしたり……。

「ITから来た人は変わっているな。でも悪い人ではなさそうだし」という雰囲気をつくっていく。「とがり過ぎるのはよくないですが、『いい感じで変な人』でいる方が、こちらの意図が伝わりやすい面もあると思います」

竹田さんも「『変わった部署』感を出すために、編集部にハンモックを置いてた時期もありました」といいます。

「実際、スタート当初の文春オンラインはかなり異物だったと思います。うまくいくのかどうかを、いぶかしげに見ている人も多かったですが、この4年の成長もあり、社内の各部署もうまくオンラインを利用してくれるようになったと感じています」

狙わないととれないスクープとPVに正面から向き合う

竹田さんは「どちらも狙わないととれないし、狙ってもとれるとは限らない」という点で、スクープとPVは似ているといいます。

「『スクープは手間も時間もかかるので、もっと安定して売れる路線を探そう』というふうにどうしてもなってしまいがちです。PVも同じだと思います。ずっと数字を求め続けるのはしんどいので、顧客満足度的な新しい指標が持ち出されることもあります。でも結局その指標は一般に定着しないし、社内外でも理解されにくい。PVは本でいえば売り上げ部数みたいなものです。つまり、一番わかりやすい目標だということです。やはり目標はシンプルかつ明確に

設定すべきだと改めて思います」

　たしかに、「PVは目的ではない」といった考え方もあります。しかし、「自分はやっぱり目標としてPVは追っていきたい。そうじゃないと、なんとなく逃げている気がするので」と竹田さん。

「数字とはきちんと向き合っていきたい。もちろん、良いサイトの条件にはリーダビリティー（読みやすさ）や使い勝手、デザインなど、いろんな要素があると思います。そういった価値観は認めますが、すごく美しいけれども数字がとれないサイトというのは、僕らの目指すものではないかな」

　最後に今後の展望について聞きました。

「月間5億PVは超えたい。あと、広告単価も上げて、もっと売り上げを伸ばしたい」

　実際、「自前の課金システムを開発したうえで、月額数千円単位の本格的なサブスクリプションサービスにも挑戦したい」という以前語っていた目標も、2021年3月に「週刊文春 電子版」（『週刊文春』のスクープ記事が月額2200円で発売前日にすべて読めるサービス）が開始することで実現しました。

　このように明快な目標を掲げつつ、しっかりと達成している点こそが、「文春オンライン」の大躍進の秘訣かもしれません。

 まとめ　「文春オンライン」の教え

● **Web編集者は「くよくよしない」人が向いている**
● **異質な存在を演じることで伝わるものがある**
● **コンテンツと作り手へのリスペクトを忘れない**

4

withnews

媒体概要 https://withnews.jp/｜運営会社：株式会社朝日新聞社｜設立：2014年｜収益モデル：広告による「無料モデル」｜人員構成：8名（編集部）｜売上・PV等：1億5300万PV／月（2020年5月）

新聞記者からデジタル部門への異動を志願

　2014年に朝日新聞の新規事業としてローンチされたwithnews。2020年5月には月間1億5300万PVを達成しています。

　編集長・奥山晶二郎さんは、新卒で朝日新聞へ入社後、福岡や佐賀、山口の支局に配属されました。2007年の社内公募をきっかけに、デジタル部門へ異動し、ネットメディアへ関わりはじめます。

　しかし、当時のデジタル部門は記者などの「編集職」ではなく、広告や営業などの「ビジネス職」が担当する領域。編集職として入社し、地方支局で記者として働いていた奥山さんの異動希望は、東京の人事部が九州まで本気かどうかを確認しに来るほど異例のことだったそう。なぜ、そのような志願をしたのでしょうか？

　「新聞記者として現場で取材をしていましたが、福岡では紙面のレイアウトを作る部署に配属されたんです。そうしたら、その仕事が面白かった。私自身も『新聞記者とは人と会って話を聞くものだ』というイメージを持っていたのですが、書いた記事をどのように載せるのかを考える紙面編集は、マニアックだけど重要な仕事なんですよね。ライターは社外にもたくさんいますが、掲載基準や自分たちのメディアで何を伝えるのかを考える『紙面編集の機能』は、新聞社に最後まで残る役割なんじゃないか、と感じるようになったんです」

　当然、紙面作りには多大な時間と労力がかけられています。しかし、当時の赴任先である九州はいわゆる、各県の地方新聞社が強いエリアでした。

☐ **デジタルへ本気で向き合うために、ネット向けの企画をゼロから作る**
☐ **ブランドを確立していないなら、「読まれる場所」へ狙いを定める**
☐ **記者の問題意識を企画へ明確に反映させる**

奥山晶二郎編集長
おくやましょうじろう
新卒で朝日新聞へ入社後、福岡や佐賀、山口の支局に配属。2007年
の社内公募をきっかけに、デジタル部門へ異動。

「編集というすごく面白い仕事をしている自覚はあるのに、なかなか新聞は
読まれていない。そういったジレンマを感じていた頃、社内で『デジタル部
門』を強化すべく、異動希望者の公募が出たんです。もしかしたらデジタル
部門の仕事をすれば、この両方の思いがきれいに収まるんじゃないかと思う
ようになりました」

異動後は、1995年開設のニュースサイト「asahi.com」の運営や、過去記
事のデジタル活用を含めた二次・三次利用の管理業務など、新聞記者として
珍しいキャリアを重ねていきます。

「デジタル部門で仕事をしていると、徐々に『編集部門から来て、デジタル
でいろいろやってる変わり者』というマニアックなポジションになりました。
だから、のちにwithnewsへとつながる、若年層向けの新規プロジェクトへ
参加しないかと声をかけられたんだと思います」

朝日新聞は、デジタルにまだ本気を出していなかった

2013年当時、新プロジェクトで役員から与えられた指示は、「新聞を読ま
ない若年層にアプローチするために、何か立ち上げてほしい」というざっく
りとしたものでした。ここには、新聞社が長く抱えていた大きな課題が反映
されていたといいます。

「その頃には新聞を定期購読していないことが当たり前になりつつあったの
に、そもそも新聞を読まない人たちとの接点を持つ取り組みが少なかった。
つまり、『我々はまだデジタルに本気で対応していないのではないか』とい
う問題意識があったんです。それで、いったん紙面から離れ、デジタルファー

ストで何ができるのか、構想しはじめました」

　新聞を購読していない若年層との接点作りのため、当初はオンラインイベントやECサービスなどのメディアとは全く違うジャンルのサービスも候補に挙がりました。議論の結果、やはり多くの記者を抱える新聞社の強みを生かそうと、Webメディアを選択します。

「ネット上に新しいメディアを作ったとしても、紙面の記事をそのまま載せる従来の『新聞のデジタル版』では、きっと記事は読んでもらえません。そこで、ネットユーザーのニーズに合わせた企画をゼロから考えるスタイルを取ると決めました。例えば、インターネットでは、ユーザーが面白がることで大きな話題になるネタがあります。メディアとしても、ユーザー発の情報を追いかけて、もっとしっかり取り上げてもいいのではないかな、と」

　さまざまな議論を経て決まった「withnews」というメディア名。「ユーザー目線を持って、一緒に企画を作るメディア」の意味を込めてつけたといいます。

▍読まれる場所へ狙いを定め、PDCAを回し続ける

　withnewsの記事は、Yahoo!ニュースなどのプラットフォームを通して、広く読者に届けられています。

　特に、Yahoo! JAPANトップページのニュース欄は、通称「ヤフトピ砲」とも呼ばれるほど、大きな流入が見込める場所。多くのメディアにとって垂涎のポジションですが、Yahoo!ニュース トピックス編集部が記事の価値をジャッジし、厳選したニュースのみが掲載されています。

　現在、withnews全体で月100〜150記事を配信しているなか、週3回程度はYahoo!ニュース トピックスへ記事が掲載されているそうです。ここまで頻繁に、ヤフトピに取り上げられるのは、立ち上げ直後からYahoo!ニュースで読まれることを意識しているからだと、奥山さんは解説します。

「朝日新聞デジタルには、朝日新聞に関心がある人が集まりますが、新メディアだったwithnewsにはそんなブランドがありません。そこで、アプローチ方法を変えました。直接withnewsへ人を呼び込むのではなく、すでに人がいる場所へ記事を届け、記事ごとに読者とつながれないか、と。そこで、読者層も踏まえてYahoo!ニュース上で読まれることを1つの目標と決めました」

本来、運営側としては、自分たちのメディアに訪問してほしいもの。実際、withnewsも読者とつながるためにコメント欄や読者投稿企画などにも取り組んだ時期もありました。しかし、数カ月の取り組みを経て「かなり時間がかかりそうだと感じた」と奥山さんは当時を振り返ります。

　メディアのブランド作りやSNSなど狙いが増えれば、人手は分散してしまいます。そこで、自分たちにとってのゴールを明確に決め、リソースを集中させ、判断基準を明確にしました。Yahoo!ニュースへの掲載という明確な目標を持ったことが、各企画の細かなPDCAにつながっています。

コンテンツ作りで大切なのは、新しいかどうか

　そんなwithnewsが企画作りで気をつけているのは「新しいかどうか」。企画のテーマからアプローチ、取材先、記者が取ってくる一次情報など、あらゆる場面で「新しさ」を問うこと。これは紙面作りとは異なるアプローチでもありました。

「紙面で発信する場合、情報インフラとしてニュースを確実に伝える役割があります。つまり、他の新聞が掲載しているニュースは一通りきちんと押さえなくてはなりません。しかし、withnewsにはそういう縛りがありません。だったら、どんな記事を作っていくのか？　これはwithnewsにとって重要な問いだったんです」

　奥山さんがそのヒントを見出したのが、東京ニュース通信社のテレビ情報誌『テレビブロス』（2020年5月からデジタル版へ移行）でした。

「『テレビブロス』はテレビ雑誌なのに、誌面上に番組表をつけるのをやめたんです。それは、番組表をテレビ画面で見る時代になったから。その分のページを使って、もともとの看板だったサブカル路線の尖った企画やファンの多いコラムを掲載し、読み手を惹きつける方向に舵を切りました。ネットメディアも同様で、ニュースがコモディティ化した現在、情報をそのまま掲載するだけでは足りない。新しいものを見つけた人が勝ちという世界だと感じています」

　現在、withnewsは尖った切り口のコラム記事も多数展開しています。なかでも、「報道」や「ニュース」を主とする紙面および朝日新聞デジタルでは扱いにくい、一般人のインタビュー記事を掲載しているのが、1つの大き

な特徴です。

「これまで新聞の紙面には掲載してこなかったけれど、じっくり話を聞くと、就職や結婚、挫折、成功体験など、読み手にとって、ボディブローのようにじわじわと響くネタは世の中に隠れています。これらの記事のバリューは非常に高い。そもそも新聞を読まない人向けのメディアを作るのが出発点でしたから、withnewsは読者の潜在的な関心を揺さぶる企画を作れればと思っています」

編集記者1人ひとりの問題意識を企画に反映する

現在、withnews編集部に所属するのは8名。「社会に対して課題感を持つ編集記者が集まっている」と奥山さんは胸を張ります。

各メンバーは多岐にわたる専門性、異なるバックグラウンドがあり、追いかけているテーマも「外国人」「宗教」「10代の生きづらさ」など、とばらばら。各記者は、そのテーマの記事を週1回は発信しています。

編集部のやりとりはSlackが中心。もともとSNSでバズったネタを取材する時には電話やメールを使っていたため、コロナ禍でも戸惑いは少なかったそうです。

withnewsの運営を続けるうちに、Yahoo!ニュースのコメント欄で前向きな議論が起こる企画の特徴もわかってきました。その1つが、「記者の『顔』が見える記事」であること。

例えば、妊娠中に仕事をしていた女性記者が、電車通勤中にマタニティマークを見た男性から言いがかりをつけられた……というごく個人的な風景がきっかけで生まれた企画があります。彼女は、その場ではやり過ごしたけれど、モヤモヤした気持ちを抱えていました。そこで、産婦人科医への取材やマタニティマークの普及率などを調査し、自分自身が感じた気持ちと合わせて、世の中

「マタニティマークつけたら…『ただのデブだろ』と言われて考えたこと」は、記者の顔が見える記事の好例。また、「あえてネットらしい言葉を取り入れたタイトルで驚かせる一方で、本文はかなり読み応えがある」というギャップも、広く記事を読ませるコツ。

がこうなったらいいなという提言で締める記事を書きました。

「新聞記者になると、『客観性が大切』だと叩き込まれるんです。だから、通常の記事作りでは、『マタニティマークがスタートして10年経ち、今の普及率はこのくらいの数字になった』などの全体像から入って、余裕があれば当事者の声を入れる。なので、当事者の経験をきっかけに記事を作るのは、いわゆる新聞の書き方とは全く逆なんです。けれど、経験がもとになっているからこそ、大きな反響を得られたんだと思っています」

公開後はSNSで幅広く拡散されたほか、Yahoo!ニュースのコメント欄にも、「同じような経験がある」や「こうしたほうが正解と分かってるけど、なかなか進まないことってありますよね」など、読者からもさまざまな意見が寄せられました。

「もちろん記事の中に明確な答えがあるわけではないのですが、記事をきっかけに議論が生まれ、ユーザーが新たな気づきを得たり、自分の考えを整理したりする効果が生まれたのではないかと感じた記事でした」

社内にいる「2000人の新聞記者」の力を借りる方法

一方で、新聞社の力を存分に生かした記事作りも。日本全国、世界中に取材ネットワークを持つ朝日新聞だからこそ実現したのが、パキスタンのゲーム事情を紹介した「格ゲー業界騒然！パキスタン人が異様に強い理由、現地で確かめてみた」でした。担当は、朝日新聞イスラマバード支局長です。

しかし、いくら社内とはいえ、新聞記者は多忙な仕事。どうやって協力を取り付けているのかを尋ねると、「結局、お願いする場合は人間関係ですね。でも、記事を書きたい記者へ常に門戸を開くようにしています」と奥山さん。

その一つが、withnewsの状況をメーリングリストで週1回共有すること。現在500名以上の社内記者が登録し、地方支社に配属されていたとしても、withnewsへ気軽に

政治経済を含むパキスタンの社会状況を紹介しつつ、ゲームセンターに現れる宗教的指導者までをリアルに捉えた「格ゲー業界騒然！パキスタン人が異様に強い理由、現地で確かめてみた」

コンタクトがとれる体制を積極的に作っています。

「2000人も記者がいる会社なので、知らない人にはなんとなく連絡を取りにくい雰囲気があるんです。そこで、定期的にメールで状況や考えていることを伝え、メールの最後に編集記者の連絡先も載せています。そうすれば、一人くらいは知り合いがいて、なにか企画が書きたくなった時も連絡が取りやすいんじゃないかなと考えたのです」

企画で掲げる目標はPVに限らない

数多くのヒット記事を世に送り出し続けるwithnews。各企画を作る時、編集記者はどのような目標を掲げているのでしょうか？

「まず、メディアの売上などの数字を見るのは私の役目だと割り切っています。だから記者は、完全に特ダネを狙うハンターでいい。社内には、『なんでこんな記事を書けるの？』と驚かれるような変人記者が何人かいるのですが、そういう記者はユーザーフレンドリーな（読みやすい）記事が書けなくてもいいと思っています。そこは、編集サイドがカバーしますから」

PVだけを一律で追い求めるのではなく、1つひとつの企画に合わせて達成したい目標を設定しています。例えば、ニッチなテーマを取り上げる時には、どうしてもアクセス数が控えめになり、記者が悩んでしまうことも。そういう場合は、特定の層に届いているか、良い議論が起こっているかなど、目線をずらした目標を置いたほうがいいと奥山さんはいいます。

「最近では、だいぶwithnewsの世界観もできてきましたし、それぞれの記者のなかにネットで読まれる記事のノウハウも溜まってきました。そこでこの半年ほどは、専門性をもつ外部ライターと一緒に作る連載にも力を入れています。withnewsの記者が、編集者とプロデューサーとディレクターの役割を兼ねることで、外部の方と化学反応を起こせるんじゃないかなと期待しています」

もちろんwithnewsにも、収益面の課題はありました。例えば、「朝日新聞デジタル」は1カ月単位で購読できる有料サービス。読者からお金をもらうのは、紙面と収益構造がほぼ同じです。

一方、withnewsの閲覧は無料です。記事の間に表示される広告やタイアップ記事が資金源となるため、新しいマネタイズを模索しなければいけません。

「今は自社媒体に広告枠を出す以外の方法を模索しています。ビジネスにおいて企業が抱える課題を解決するために、広告を作るよりも前の段階からコミットしていければいいな、と。記事広告を作る以外にも、特設サイトの立ち上げやファンイベントをするほうが、相性がいいかもしれないですから」

　withnewsを長く運営する中で見えてきたノウハウや気づきは、記事作りに留まらず、読者や企業とのつながり方、収益面でも生かされています。

「これからは、今までのように単純じゃない、読者との新しい関係があるんじゃないかと思っているんです。それを各企業さんと話しながら模索して、カスタマイズし、フィードバックしていく。そこで根本的な価値提供ができれば、コロナ禍のような変化が起きても、影響を受けにくくなるんじゃないかな、と。まだ、ちゃんとできているわけではありませんが、未来の姿としてそんなことを思い描いていたりします」

まとめ 「withnews」の教え

- 既存のやり方にとらわれず、「顔」の見える発信をしてみる
- 社内の力を借りられるよう、情報をオープンにしておく
- PVだけに留まらず、各企画に適した目標を考える

5

新人発掘、読者との近さで紙を超える

少年ジャンプ＋

媒体概要 https://shonenjumpplus.com/ ｜運営会社：株式会社集英社｜メディア設立：2014年｜収益モデル：コンテンツ制作・広告などによる「複合モデル」｜人員構成：編集部19名（社外スタッフ含）｜売上・PV等：750万 AU ／月

スローガンは「少年ジャンプを超える」

　紙雑誌において日本一の発行部数を誇るマンガ誌『週刊少年ジャンプ』（集英社刊）の看板をかかげ、2014年にスタートしたマンガ誌アプリ『少年ジャンプ＋』。

　『週刊少年ジャンプ』デジタル版の販売のみならず、最新話の閲覧数が100万閲覧を超えるオリジナル連載作品の配信など、新たなヒット作や作家が続々と生まれ、存在感を強めています。

　デジタルの媒体でもヒットを創出し続けられる才能の「発掘」と「育成」の仕組みとは、いったい何なのでしょうか。

　『少年ジャンプ＋』（以下、ジャンプ＋）は、集英社より『週刊少年ジャンプ』系列のマンガ誌アプリとして2014年9月に立ち上がりました。

　「創刊時のキャッチコピーは『少年ジャンプを超える』。創刊時は、週刊少年ジャンプ編集長がジャンプ＋の編集長を兼任。専属スタッフは4人だけでしたね」

　そう振り返るのは創刊メンバーの1人であり、現少年ジャンプ＋編集長の細野修平さんです。

　現在、ジャンプ＋の運営において、大きな柱が3つあります。1つ目がオリジナル連載作品の掲載、2つ目がジャンプコミックス作品の「話売り」（作品を1話ごとに販売する形態）、そして3つ目が『週刊少年ジャンプ』最新号のデジタル版配信です。

　「もっとも力を入れているのが、オリジナル連載作品の掲載です。『週刊少

□ 新人作家が多様なチャレンジをできる場を作りつづける
□ 「ジャンプが読める」以上の付加価値で定期購読者を増やす
□ 「好きになる力」は編集者の武器になる

細野 修平編集長
ほそ の しゅうへい
2000年に集英社へ入社。2012年から『週刊少年ジャンプ』編集部に所属。2014年に「少年ジャンプ＋」の立ち上げに従事。2017年に編集長就任。

年ジャンプを超えるようなオリジナル作品を作っていこう』という目標を立ててジャンプ＋をスタートし、その思いは今も変わっていません」

　その言葉どおり、ジャンプ＋からはオリジナルのヒット作品が続々と誕生しました。

　2016年春に『ファイアパンチ』（藤本タツキ）と『終末のハーレム』（原作：LINK／作画：宵野コタロー）の連載

人気タイトルが多く並ぶ「少年ジャンプ＋」のアプリ画面

が始まると、アクティブユーザーが一気に増加。『彼方のアストラ』（篠原健太）が「マンガ大賞2019」で大賞に輝くなど、各マンガアワードに選出される作品も出てきています。

　さらに、現在連載中の『SPY×FAMILY』（遠藤達哉）と『怪獣8号』（松本直也）は、最新話が公開されるたび100万閲覧を超える大ヒット作に。単行本の売上も順調に伸ばし、アニメ化されていない作品としては、異例の人気を見せています。

　これらの作品にも牽引され、ジャンプ＋のユーザー数も順調に推移しています。2021年3月時点で1700万ダウンロードを突破し、アプリのアクティブユーザーは月間390万人、週間280万人、日間140万人にのぼります。

　さらに、『週刊少年ジャンプ』デジタル版の販売数も右肩上がりで増え続けており、現在数十万部に達しているといいます。

　日本雑誌協会によると2020年10月〜12月における『週刊少年ジャンプ』

の印刷証明付き発行部数は147万5000部。紙の読者とは別に、デジタルに慣れ親しんだ読者を、新しい形で取り込むことに成功しています。

デジタル界の「ジャンプの出島」を目指して

とはいえ、長年築いてきたやり方を抜け出し、新しい場所から"ヒット作品を生む"のは至難の業です。ジャンプ＋では、そこをどう乗り越えてきたのでしょうか。

従来のジャンプ系編集部の新人発掘のきっかけは、作家による編集部への持ち込みがほとんど。マンガ賞への応募作品や、マンガ家を目指す学部や学科のある専門学校や大学の巡回などもしていたものの、始まったばかりの「ジャンプ＋」に作家が集まるかは未知数でした。

また2010年代前半は、個人サイトやブログなどデジタルの場で作品を発表した作家が頭角を現している時期でした。

「デジタル界では、ジャンプは作家さんとの窓口をうまく作れていないんじゃないか」と危機感を抱いていた細野さんたちは、ジャンプ＋を『デジタル界のジャンプの出島』のような存在にすることを目標に掲げ、次の打ち手を検討していきます。

結果、ジャンプ＋と同時に2014年に立ち上げたのが、マンガ投稿・公開サービス『ジャンプルーキー！』です。

『ジャンプルーキー！』は単なる作品の投稿場所ではなく、編集者がいいと思った投稿作品にスタンプを押したり、作家へ直接フィードバックを送ったりすることも可能。編集者から評価がもらえる場所として認知を広げていきます。

作家が自由にデジタル作品を投稿でき、読者も公開された作品を無料で読めるプラットフォーム。

これまでに各ジャンプ系マンガ誌で読み切り作品を掲載した『ジャンプルーキー！』出身の作家は156名。ジャンプ＋で連載したのは63名、『週刊少年ジャンプ』で掲載したのは9名と、多くの作家がデビューしてきました。

作品投稿数は右肩上がりで、2020年には月平均の投稿数が3000話に到達。ここまで多くの作家が集まる理由は、従来多かった「マンガで食べていきたい」欲求とは別のモチベーションに起因するのではないかと細野さんは分析します。

　「作品数が増えてきたタイミングで作家さんにアンケートを取ってみたところ、意外にも『自分の作品をできるだけ多くの人に読んでもらえることが目標』という声が多かったんです。『ジャンプルーキー！』は、ヒットやお金を目標とする人の陰に隠れていた、作家さんの『作品を読まれたい』というモチベーションに合っていたのかなと思います」

積極的な読み切り掲載で作家の成長につながる

　もう1つ、新人発掘の原動力となっているのが、多様なマンガ賞の開催です。一般マンガ誌のような月例賞に加え、紙とペンだけで描いた作品だけをあえて募集する「アナログ漫画賞」や、作品テーマを“お仕事”のみに絞った「お仕事漫画賞」など、新しいマンガ賞を年に4、5回行っています。

　「新しいマンガ賞を作ると、新しい投稿者が生まれ、作品の多様性につながるんです。例えば、『アナログ漫画賞』には、意外にもデジタルネイティブ世代の若い作家さんがたくさん応募してくれたんです。よく考えるとデジタル機材をそろえるにはお金がかかります。その点、紙とペンは買い揃えるハードルが低い。まだまだアナログ画材は廃れてないんだな、という発見がありました」

　「掲載を確約している」マンガ賞を数多く開催できるのもデジタル媒体ならでは。入賞作品を発表するスペースに限りがある紙面に対し、デジタルはその制限がありません。

　また、賞をとった作家のさらなる成長の場として、ジャンプ＋は読み切り作品を載せることにも力を入れています。その数は年間150本、マンガ賞の入賞作品などもあわせると200本以上。『週刊少年ジャンプ』の年間50〜70本と比べると、その本数は圧倒的です。

　「読み切りを載せるくらいなら連載した方がいいのでは、という意見も最初はありました。

　けれど、やはり新人を育てるには読み切りをたくさん描かせるのが一番い

い。編集部としても何も考えずに載せているわけではなく、作家と担当編集がしっかりチャレンジしている作品かどうかを大事にしています」

　読み切りを描く意味は作家によって異なります。画力や構成力を上げるためにたくさん描くことが大事な時期の人もいれば、連載の種を見つける時期の人、連載が終わって次にどうすべきか考えるために描いてみる時期の作家もいます。

　とはいえ、ジャンプ＋の読者は連載を追いかけている人が大半で、読み切りはそこまで読まれないというシビアなデータも。さらに話売りもコミックス販売もできないので売上にも直結せず、「正直に言うと、読み切りを載せるほどコストは増えてしまう」といいます。それでも、読み切りを載せ続けるのは、将来を見据えてのことでした。

　「我々にとって、作家さんそれぞれのステージに合わせた挑戦と失敗を重ねられる機会を提供するのは、一番大きな将来への投資なんです。これからも、ずっと続けていくつもりです」

　そんな挑戦を続けるうちに、ジャンプ＋の読み切りがTwitterやはてなブックマークなどで話題になり、多くの読者の目に留まる作品も出てきました。「最近は『ジャンプ＋の読み切りだから読んでみよう』といった、ブランドへの信頼感が出てきている印象があります。うれしい誤算ですね」

▋「ジャンプを読める」以外の付加価値をつくる

　マネタイズの面を見ると、ジャンプ＋の収益源は大きく4種類に分けられます。もっとも大きな部分を占める『週刊少年ジャンプ』デジタル版の販売、そしてオリジナル連載作品のコミックス販売、話売り、広告収入です。

　『週刊少年ジャンプ』デジタル版の定期購読者数は『鬼滅の刃』（吾峠呼世晴）の最終回が掲載された2020年5月ごろにピークを迎え、一度は下がったものの、コロナ禍を経て再び増加傾向に。2021年3月時点では過去最高を更新しているといいます。

　「『鬼滅の刃』読者の中には、定期購読をきっかけに『ジャンプにはほかにも面白い作品が載っている』と気づいた方もいるんじゃないでしょうか。例えば、最近はアニメ『呪術廻戦』（原作・芥見下々）が大人気です。『原作はジャンプで連載されてるんだ』と気づいて、コミックスを最新刊までたどっ

て、ジャンプを読みはじめる。こういう盛り上がりが生まれたとき、デジタル版だとすぐ手を伸ばせていいのかなと思っています」

　このほか定期購読者を増やす戦略として、『週刊少年ジャンプ』を読める以外の“付加価値”を高める施策にも取り組んでいます。

　現在は、ジャンプ関連の2.5次元舞台作品のチケット先行販売や、限定グッズの応募者全員サービスなどを実施。それらに加えて、増刊『ジャンプGIGA』や定期購読者限定の作品を読むことができます。

「以前、デジタル版の担当者が『子どもの頃から紙のジャンプを読み続けている人は、すでにジャンプ自体がライフスタイルに組み込まれている』と話していました。デジタル版でもサブスクリプション会員になっていることが、生活におけるステータスになるといいな、と。今後は、過去の連載作品のグッズが買えるなど、ジャンプコンテンツを楽しめる幅を広げていきたいです」

　またジャンプ＋には、連載中のオリジナル作品が“各作品一度は全話無料で読める”画期的なシステムも用意。『SPY × FAMILY』や『怪獣8号』といった話題作も、アプリをダウンロードすれば最新話まで無料で追いつけるようにしています。

「普通、面白くなるところまでは無料で読めて、続きは有料ですよね。ジャンプ＋のオリジナル作品に関しては、まずはたくさんの人に読んでもらってファンを増やすことを重要視していて、マネタイズはその後からでいいというスタンスです」

　加えて、「マネタイズを優先するなら、無料で読ませない方がいいのかもしれません」と苦笑する細野さん。

　それでも、単行本が大きな売れ行きを見せている背景については、両作品の読者の年齢層が幅広く、クレジットカードを持たない低年齢層も購入しているのではないかと分析します。

「テレビに近い発想ですね。視聴者は無料で番組を見て、人気と共に視聴率が上がったら広告料が増える。同じように、マンガを無料で読んでもらい、人気が出たらコミックスやグッズが売れたり、メディアミックス化されたりと別の手段でマネタイズできます。そこにうまくはまってきた印象がありますね」

編集者は、名前を出すことも「黒子」になることもできる

　これからのWeb編集者のキャリアについて尋ねると、「マンガ編集者も名前を出して仕事をしていくケースが増えていくのではないか」、と細野さんは見立てています。

　例えば、『青の祓魔師』（加藤和恵）や『SPY × FAMILY』（遠藤達哉）、『チェンソーマン』（藤本タツキ）といった人気作品の連載を立ち上げたジャンプ＋の編集者・林士平さん。

　敏腕編集者として一般の読者から注目され、Twitterのフォロワー数は9万人を超えています。

「作品を紹介するときに、担当編集が林であることをアピールポイントとして捉えてくださるメディアさんもあるくらいです。これからの編集者には、自分の名前で仕事していくことを目指す道もあるなと感じています」

　一方で、従来のジャンプ編集部のように、マンガ編集者個人が黒子として媒体のブランドづくりに徹し、集まってきたさまざまな作家と仕事をしていくやり方もある、といいます。

林士平さんが立ち上げから担当していた『週刊少年ジャンプ』の人気作品『チェンソーマン』（藤本タツキ）については、意味深な予告ツイートがたびたび話題になった。

　「これからも『ジャンプ』のブランドのもとにさまざまな作家さんが集まってくれれば、多様な作品が生まれるでしょう。しかし、編集者が個人で仕事をすると、一人の価値観だけになってしまう。その状態で、幅広い作品を生み出しつづけるのは大変なこと。だから編集者には黒子として、媒体のブランドを高めていく役割を担っていくやり方もあると考えています」

　編集者個人としての露出を増やしながらも、媒体のブランドづくりにも黒子として奔走する

ようなハイブリット型の編集者が活躍していくかもしれません。

「好きになる力」は編集者の武器

　最近では新たに、デジタルを使った新しいマンガビジネスにも挑戦しています。例えば、2017年からは、外部のパートナーとともにアプリ開発コンテストを実施しています。

　2020年には、斬新なアイデアを持つスタートアップ企業や起業家と協力し、新しいマンガビジネスを生み出す事業共創プログラム「マンガテック2020」を開始。編集者の新たな役割として、ビジネスを立ち上げることも求められ始めています。

　最後にWeb編集者に求められるスキルを尋ねたところ、「スキルとはまた違うのですが、"好きになる力"が強いことでしょうか」と答えが返ってきました。

「何かにドハマリしていたり、好きなものを人に自信を持って勧めたりとか、好奇心を持ってどんどんハマっていける人は強い。周りにいるヒットを飛ばしているマンガ編集者には、作家さんの才能に惚れ込む力があるんです。本人は力とかスキルとかじゃなく純粋に好きだと思っているだけなんでしょうけど。そういうことが、結果に返ってきている気がします」

 「少年ジャンプ＋」の教え

● Webのハードルの低さで、新人を後押し
● Webならではのコンテンツ作りを
● ブランド作りのためには、編集者の力が必要

6

ライターの個性と「らしさ」を売りにする

オモコロ

媒体概要 https://omocoro.jp/ ｜運営会社：株式会社バーグハンバーグバーグ｜設立：2005年｜収益モデル：メディア運営・広告制作｜人員構成：17名｜売上・PV等：1500万〜2000万 PV ／月

「テキストサイト」から生まれたオモコロ

　マネキンやぬいぐるみ、塗料などが雑然と置かれたオフィス。ホワイトボードには「夢」「愛」という謎のメッセージが残されています。オモコロの編集長を務める原宿さんは、このオフィスの一角で、ライターたちと同じ机を並べて仕事をしています。

「オモコロは、肩の力を抜いて楽しめる記事や漫画を中心とした、平日毎日更新の無料の Web サイトです。月間平均 PV 数は1500万〜2000万ほど。株式会社バーグハンバーグバーグが運営しています」

　ライターが個性を競い合う「選手権」などの人気シリーズから、狂気と癒やしが混在する漫画連載まで、唯一無二のコンテンツが魅力の Web メディア「オモコロ」。

　ライターの感性を全面に出した記事が多く、数十万人の Twitter フォロワーを抱えるなど、ライター個人に根強いファンがついているのも特徴です。

　SNS を舞台にたびたび「バズ」を起こし、時代のネットユーザーに愛されるメディアですが、歴史は長く、入れ替わりの多いネットの世界で2020年には設立15周年を迎えました。

肩の力を抜いて楽しめる雰囲気が伝わってくる「オモコロ」のホームページ。

☐ 独創的なアイデアとライターの「売り」を長期的に育てる
☐ サボりながらも、「とにかく毎日更新する」ことを大切にする
☐ 「楽屋話」でファンとの関係性を深める

原宿 編集長
はらじゅく
1981年生まれ。中学生の頃からインターネットの面白さにのめり込み、「オモコロ」の編集長に2012年より就任。バーグハンバーグバーグの社員でもある。

その成り立ちも、インターネットの変化を色濃く反映したものでした。

インターネット黎明期の1990年代後半、個人が持つHTMLのスキルと知識を使って、日記のようなスタイルの個人サイトがいくつも開設されました。ブロードバンドの普及以前、今では考えられないような低速の通信回線という制限の中、さまざまな「テキストサイト」がしのぎを削っていました。

原宿さん自身も、その流行の中で個人サイトを運営していた1人でした。「ただ、インターネットが普及していくうちにブログやSNSというサービスが生まれて、どうしても個人が続けるサイトってなくなっていってしまったんです」

テキストサイトで生まれた「文化」さえもなくなってしまうのは惜しいと、「記事を残す場所」として、2005年10月に初代編集長のシモダテツヤさんが立ち上げたのが「オモコロ」でした。

原宿さんがオモコロに関わるようになったのも、シモダさんに声をかけられたからです。「個人サイトの延長線上にあるサイトだからこそ、自由な表現をするハードルはすごく低いと思います。基本的にはライターの『面白いと思うもの』を制約なしで好きに発表できる場。そんな自由が許されるメディアが、たまにはあってもいいじゃないかという思いです」

ネタが生まれるのは「観察」と「会話」から

「強くてカッコいいファイターを目指せ！オリジナル格ゲーキャラ選手権」や「【検証】場所によって『トイレの落書き』の質は変わるのか調べてみた」

など、オモコロの記事はありそうでなかった独創的なアイデアばかり。情報があふれるこの世界で、新しい発想はどのように生まれているのでしょうか。

自身もライターとして活躍する原宿さんは、「個人的にはネタは何でもいいと思っている」としつつも、考えるコツとして「大きく分けると2つある」と話します。

まずひとつは「観察」です。ほんのささいな出来事、例えば商品のパッケージや成分表示を観察するだけでも、ネタの種になるといいます。

「今、僕の手元に油性ペンがあるんですけど、『裏写りしません』って書いてあるんです。それだけでも『なんで裏写りするんだろう』『裏写りしない商品がどうやってできたんだろう』という疑問が出てきます」

「村上春樹さんが『職業としての小説家』の中で、『世界はつまらなそうに見えて、実に多くの魅力的な、謎めいた原石に満ちています。小説家というのはそれを見出す目を持ち合わせた人々のことです』といっていますが、まさにそうなんです。普通に生活してるだけでも、ネタっていっぱいあるんです」

もう1つ、原宿さんが重要だと感じているのが「会話」です。自分のネタを人に話すことで「面白さ」を測り、やりとりを通して更にアイデアが広がることもあります。何げない会話の中で、「自分の変なところ」を誰かに見つけてもらい、ネタにつながることもあります。

「あるライターの『食べるのが遅くて食事に1時間半かかる』という話に、『かかりすぎじゃない？』とひっかかって、これをきっかけにこのライターの噛む回数や時間を記録した記事が生まれました。多分、1人では人と違うところが気にならないし、やろうと思えない企画ですよね」

ささいなアイデアも大切にするのが「オモコロ」流。この企画では「校長先生のスピーチをひたすら聞き続けられるWEBサービス」が実現され、SNSでも話題となった。

自身の経験からも「対面で話さないと面白いことって生まれづらい」と話す原宿さん。「最近あの人と話していないな」と思ったら打ち合わせを入れるなどして、編集長という立場からも「雑談」を意識的に行うようにしているといいます。

「オモコロらしさ」が生まれるヒント

　こうして生まれた「ネタ」は編集部の間でブラッシュアップされます。また、ライターを集めたネタ出しのための会議も行われるのですが、ここでも「ハードルを下げる」工夫があります。

「ブレインライティングという手法があるんですが、他の人の発想に自分のアイデアを付け足すという作業を繰り返し行うもので、企画会議でよく使っています」

　濃淡さまざまであっても、1回の会議でとにかくたくさんのアイデアが生まれるため、結果的に効率的なのだといいます。これに加え、ネタ出しをしやすい工夫は他にもあるようです。

「あえて『炎上しそうなアイデア』から出していくんです。絶対これはできないよね、という企画を最初に出していくと、自分の中のリミッターが外せるというか、『とにかく何でもいってみよう』と思えるんです」

　これがイメージトレーニングになり、炎上しないためのバランス感覚にもつながっています。インターネットで長く活動し、さまざまな事例も多く見てきたからこそ、絶妙な「とがり」を実現しているのです。

　そんな個性的なコンテンツが読めるサイトとして認知されているオモコロですが、原宿さんは「『メディアの全体の色』みたいなことはあまり深く考えていない」と話します。

「ただ既視感が強い企画というか、オモコロ以外でフォーマット化されているものにのっかるのは『らしくない』とは感じていますね。誰もまだやっていないことをやろう、というチャレンジにオモコロの面白さがあると思っています」

ライターの「個性」の光らせ方

　ARuFaさんやダ・ヴィンチ・恐山さん、モンゴルナイフさんなど、それぞれのライターの個性が光るオモコロ。しかし全てのライターが自身の「売り」とするべき分野や特徴を、一朝一夕で見つけられるわけではありません。

「1人ひとりがそれなりに『売り』となるものは持っていると思うんですが、

それが『売れた状態』、つまり世の中に広く受け入れられるところまでいくのは難しくて、なかなかたどりつけないんですよね」

　それをチューニングしていくためにも、より多く打席に立つことは重要です。ただし、ずっと壁打ちをしていても仕方のないもので、こうした自分の売りも「他人に見つけてもらうもの」と原宿さんは話します。

「だからこそ、編集者が長期的にコミュニケーションをしていくというのが重要だと思っています」

　編集者は短期的な結果を追い求めるのではなく、ライターの「売り」が結実するまでの「過程や途上を楽しめる」という性質が求められるといいます。

　また、編集者の重要な役割として「締め切りを決めること」を挙げる原宿さん。

「締め切りを決めないと誰も記事を書こうとしないっていうのはあるんですが、納期があることでライターの気持ちに『期待を裏切りたくない』という力が働くはずなんですよね。だから『締め切りを決める』という行為が、いろんなものを動かしていると思います」

「サイトの維持」と「運営の楽しさ」を両立させること

　2012年にシモダさんに代わり、オモコロの2代目編集長となった原宿さんですが、「僕はもともと、どこであっても生きていければいいかなという考えで、一度も編集者になりたいと思ったことはない」と明かします。

「ただインターネットが好きで、『こういう記事があったらもっと面白いかもなあ』という思いつきを試すのが好きで、そうした行為の延長にメディア活動としての結果があったという感じです」

　そんな中、編集長に就任し意識するようになったのは、オモコロという「場」を維持することでした。

「オモコロのような端から見たら『意味のないこと』って、やめようと思ったらすぐやめられてしまうんですよね」

　そう話す原宿さんの言葉には、テキストサイトの衰退をリアルタイムで見てきたからこその重みもあります。

「昔、個人サイトの時によくいわれていたのが、何はなくとも毎日更新するっていうことなんですよ。クオリティをある程度保つことはもちろんですが、

記事が更新されていれば見に行っちゃうものです。それはオモコロも守っているところで、Yahoo! ニュースなどの大きなプラットフォームからの流入がないからこそ、更新は生命線なんです」

「多少無理にでも『続ける』ということを大切にしてきた」という一方で、オモコロの原資はライターや編集者が抱く「面白い」という感情にあります。PVなどの数字に目を向けるものの、ノルマなどは設定しません。

「基本的に書いた人が楽しかったら、それ以上のことはなくていいと思うんです」

だからこそ、「維持」を柔軟に捉える考え方も重視しています。

「持久力って、サボることだと思うんですよね。頑張り過ぎちゃうと続かないんです。手を抜くことも、前向きにとらえていいと思っています」

運営側が楽しめる余白を保つことが、組織の維持にもつながる。この循環が、オモコロが15年続いてきた秘訣であり、読者が繰り返し訪れる「一期一会じゃないサイト」となっているのです。

有料コミュニティが次の「自由な空間」に

2019年には有料コミュニティサービス「ほかほかおにぎりクラブ」をスタート。会員だけの限定コンテンツや、ライター志望者向けの添削アドバイスなども受けられるほか、なぜか「くじゃく」の画像も100枚ダウンロードできます。

全世界に開かれたインターネットで勝負してきたオモコロですが、あえてクローズドな舞台を用意したことについて、「新しい収入源にしたいなっていう気持ちもあるんですが、インターネットが『なんでも自由に言える場』ではなくなってきたんですよね」と原宿さん。

「ネットには今やすごくたくさんの人が集まっていますし、その分だけいろんな角度の視線があります。アウトプットの完成度としても、『Twitterに書くまでも

2019年に始まった有料コミュニティサービス「ほかほかおにぎりクラブ」

ないようなこと』を、書く場所がないんです」

　閉じた空間がコンテンツの「実験場」としても機能しているといいますが、コンテンツの裏話や内輪ネタなどの「楽屋話」のような話題にも需要を感じているそう。もともとオモコロに関心の高いファンたちだからこそ、「ここでしか知れない」という情報やライターのよりパーソナルな部分を発信することで、媒体との距離を近づけ、コミュニティ内の一体感も生まれやすいのでしょう。ファンが身近に感じられることで、ライターのモチベーションにもつながっているといいます。

▌理屈じゃない「面白さ」これからも大事に

　Twitterが普及し「バズる」という概念も生まれて久しく、よりたくさんの人に投稿が拡散されることが施策の「成功」とされる流れも生まれました。オモコロもさまざまな記事で「バズ」を経験してきましたが、原宿さんは「こうした評価軸も変わってきている」と話します。

「ウケることが第一ではなく、個人や会社が大事にしていることをどう出していくか、ということにシフトしています。ネット自体が、それぞれの姿勢やオピニオンを示す場としての側面が強くなってきている気がします」

　とはいえ、こうした潮流を見定めながらも、胸にあるのは「楽しいインターネット」です。

「そんな中でも、僕らはちょこちょこふざけていければって思うんですよね」

「自分自身が若い頃、『世の中、バカなこと考えている人もいるな』『こんな楽な考えでもいいんだな』という創作物に救われた経験があるので、オモコロはとにかく気楽に楽しんでもらえれば、それで役目は果たせてるのかなと思います」

　それは広告案件であっても変わりなく、「オモコロのネタとして面白くて、楽しんでもらえるものでなければ、僕らがやる必要はないんじゃないかなという感じです」

「何かものを生み出して楽しいと感じることが、この世で一番面白い」という原宿さん。

「これを続けていくということが僕の中ではすごく大事なんだと思っています」

今後のキャリアプランについて「全く考えたことがないので、聞かれると不安になってきました」という原宿さん。「昔もスマホなんて出ると思わなかったですからね。どこでゲームチェンジが起こるかわからないんで、あんまり考えてもしょうがないかな」と率直な気持ちを教えてくれました。

「『一刻も早く売れたい！』と思っている人からすれば、僕みたいなのはイライラするかもしれませんが、基本的に死ななかったらいいというか、なるべくダラダラと同じ仕事ができるように頑張りたいですね。1人の人間にできることはそんなに多くないので」

　変化が多いインターネットに一喜一憂するのではなく、大きな波に身を委ねるくらいがちょうどいいのかもしれません。こうした柔軟な考え方から、斬新な発想が生まれているのだと感じました。

まとめ 「オモコロ」の教え

- ネタ出しは「観察」と「会話」。数をこなすことが大事
- 「面白い」を生み出す余白をつくる
- ライターの「売り」は長期的なコミュニケーションで生まれる

7

「好き」を突き詰めることでファンをつかむ

デイリーポータルZ

媒体概要 https://dailyportalz.jp/｜運営会社：東急メディア・コミュニケーションズ株式会社｜設立：2002年｜収益モデル：記事広告、バナー広告、月額の有料会員｜人員構成：6名（編集長1名、部員5名）｜売上・PV等：200万UU／月

「建前」から生まれたデイリーポータルZ

「デイリーポータルZ（DPZ）」が生まれたのは、ブロードバンド回線が普及し始めた2002年。インターネットプロバイダの「ニフティ」によって立ち上げられました。当時のニフティは車や不動産などさまざまなジャンルのWebサイトを運営していました。これらをまとめるポータルサイトとして現編集長の林雄司さんが提案し、実現したのが、DPZの始まりです。

「とはいえ、林がやりたかったのは、実はポータルサイトではなかったんです」と編集部の古賀及子さんは語ります。

「当時のインターネットの魅力の1つが、発信のハードルが低いことでした。『多摩川にボラが大量発生している』とかっていう、すごくピンポイントな話題も、自分の目で見て伝えたいと思っていたようです」

「デイリーポータルZ」のホームページ。編集部が毎日発信している「今日のみどころ」は必見。

「建前」としてのポータルサイトを続けながらも、1日1本程度の独自記事を掲載していると、これが読者にうけてPVが増加。もっと記事を出そうと外部ライターを巻き込んで、サイトはどんどん大きくなっていきました。

古賀さんは2004年に、DPZのライターとして働き始めました。それまではベンチャー系のホームページ

□ 「顔を覚えてもらえる」ライターが、ファンを呼ぶ
□ ライターの「好き」を大切に、ライター自身を深掘りする
□ メディアを続けるためのルールをつくる

古賀及子編集部員

1979年東京都生まれ。2004年よりライターとしてデイリーポータルZに参加、その後2005年に編集部へ。以降編集のかたわらライターとしても活動を続け、「決めようぜ最高のプログラム言語を綱引きで」など、現在も定期的に執筆。

制作会社でアルバイトをしていたそうです。自由な雰囲気の会社で、「暇な時間はネットを見ていてもいい」という環境の中で、古賀さんが見つけたのがDPZでした。ライターを募集しているのを知り、Webメディアの世界に飛び込みました。

古賀さんが入った頃は2人体制だった編集部も、古賀さんを含め今は6人

古賀さん自身が1時間40分かけて納豆を1万回混ぜた力作「納豆を一万回まぜる」

に。抱えるライターは50人ほどにまで広がりました。入れ替わりの多いWebメディアの世界の中で、18年続く老舗サイトとして存在感を示しています。

「なんか気になる」を必ずメモ

街を歩いて豆知識で相手に「へぇ」と言わせたら勝ちのゲーム「ストへぇ」や「斜にかまえる、かまえないを1分ごとに切り替えるとどうなるか」など、ライター独自の発想が光る記事が魅力のDPZ。古賀さん自身もライターとして「納豆を一万回まぜる」「ハリウッドセレブのプライベートショット風の写真を撮る」などの記事を執筆してきました。こうしたユニークなネタはどのように考えられているのでしょうか。

「普段から気になったことを、すかさずメモに残すようにしています。『なんか気になる』くらいのことって、だいたい忘れちゃうんですよね。こうし

たメモから、膨らませることが多いですね」

「好き」を並べると見えてくる法則

　また、「好き」を起点に生まれたネタを記事に変換するコツとして、古賀さんは「法則をイジる」ということを挙げます。

「そのジャンルのものを並べてみると、違いや『あるある』のような共通点が見えてくるんですよね。『その法則を整理してイジる』もしくは『そのフォーマットを別のものに使う』っていうのは結構定番のやり方ですね」

「製法」や「ハリウッドセレブ」についての記事もまさに「法則をイジる」方法。好きなものをまず集めて眺めてみることで、また新たな視点が生まれ

セレブが来た！

ハリウッドセレブの法則を検証した「セレブが来た！」

るかもしれません。

　ちなみに、「ボツ」になるネタは「もうDPZでやっていた企画」。面白いネタを思いつき、念のため検索してみると、DPZがすでに記事にしていた、というのがライター・編集者が経験する「あるある」でしょう。歴史の蓄積を痛感する瞬間です。

編集のポイントは「わかりやすく」「ライターの色」

　DPZには現在約50人のライターが記事を書いており、それぞれに編集部の担当者がついています。多い人だと、1人で10人ほどのライターを担当しているといいます。

　担当編集者は、ライターの持ち込みもしくは編集部で依頼したネタをもとに、ライターと方向性を相談し、時には撮影など協力しながら、掲載まですすめていきます。入稿された記事を編集する上で、古賀さんが気をつけているというのが「わかりやすく」と「ライターの色を出す」ということです。

「マニアックなテーマもあるのですが、『誰でもわかりやすく読める』ことを大切にしています。つまり、排他的にならないということです。昔から林

が『（世代が違う）自分のおじいさんにもわかってもらえるものにしよう』といつも言っていて、専門用語もできる限り使わないようにしています」

　ニッチな話題であっても楽しく読めるDPZの工夫がここにありました。また、「ライターの色を出す」ことについては、「圧倒的に『私が書いています』っていうのが全面に出るのが『DPZらしさ』」と話します。

「読者の方の体験として、単に記事を読むっていうよりは、この人が書いた記事を読んでいるっていう体験になっていてほしいんですよね。共感がファンを呼ぶということを昔から意識していて、顔を覚えてもらえるライターさんを増やしたいと思っています」

「なので、編集する時も、ライターさんに『もう少し自分の話を書いてください』とお願いすることもあります。子どもの頃のエピソードを入れてもらうこともありますね」

｜「自分の得意分野がない」悩み

　2004年、古賀さんがDPZに入って最初に関わった仕事は、面白い外部のサイトを見つけて、100字程度の紹介文を書くという「リンク集」の編集でした。その後、企画記事も手がけるようになり、2005年に編集部所属の社員となりました。

　これまでもライターとしてヒット作を多数生み出している古賀さんですが、意外にも「自分の得意分野がわかってきたのは、最近」と話します。

「他のライターさんは強いジャンルを持っているのに、私にはそういうのがなくて。だから割と自分の半径5ｍ以内でネタを探して、『しのいできた』っていう感覚が強いですね。『何か見つけなくては』とは思っていました」

　同じ状況に立っていたはずのライターの同期が、得意分野を見つけていくのを見て、「上がったな、って思いましたね」と振り返る古賀さん。しかし、焦燥感を抱きながらも、しのぎ続けることで見えてきたこともあったといいます。

「折り合いがつかぬまま、まさにしのげてしまったというか。それでも身の回りにあるもので、書くことがなくならなかったんですよね」

　食品パッケージなど「半径5ｍ以内」に対する解像度を上げ、記事を書き続けたことで「ある程度語れることがある」という自信にもつながり、「好き」

を語る背中を押しました。

「他のライターさんを見ていても思うんですが、ライターって自分の好きなものが好きで、誰かと比べるっていう視点がないんですよ。好きがあふれて記事になってるんだと思います。相対じゃなくて『絶対』の中で生きている。つまり『絶対愛』なんですよね」

ライターに愛される記事「絶対になくしたくない」

ライターが持つ「愛」を大切にするのも、編集者の大切な心がけのひとつです。記事の評価について、「PVやUUなどのデータはもちろん見ますが、あまりそれには足を引っ張られないようにと思っている」と古賀さんは話します。

「たとえPVやUUが低くても、『ミュージシャンズ・ミュージシャン』のような、ライターに愛されるライターや記事っていうのはあるんですよね。『バズっていなくても良い記事』というか、長くDPZを読んでいる人にとってもそういう記事があると思いますし、それは絶対になくしたくないんです」

こうした思いからも、記事の「定性的な価値」を伝えるために、古賀さんは担当するライターに意識的に行っていることがあります。

「記事が入稿されたら、フィードバックとして、500字くらいで、こんなところが面白かったとライターに感想文を送っています。嬉しがらせてあげたいって思っていますね」

競争の激しいWebメディア業界の中で、DPZは生き抜いてきました。サイトを運営していく上で、古賀さんが重要だというのが「1日に更新する本

読者コミュニティの「デイリーポータルZをはげます会」は、実際に読者との交流もできる。

数を決めること」。DPZでは、平日は必ず3本は更新するルールを設け、これをベースに配信計画が立てられています。

「私たちがやることってDPZしかなくて、編集部6人の目標は『続けること』なんです。もしもDPZがつまらなくなっても、もっと面白い

ものを考えるだけ。人生がかかっているんで、続けていくしか道がないんです」

　また、DPZを支えているのが、長年愛読している読者の「濃さ」です。2012年には限定グッズやコンテンツが届く有料サービス「友の会」が始まり、2017年には「デイリーポータルZ友の会」を引き継いだコミュニティ「デイリーポータルZをはげます会」が立ち上がりました。

「はげます会」では編集部との交流のほか、読者が参加できる企画や会員限定イベントなども開催。DPZを隅々まで読み込んでいる読者に圧倒されることも。古賀さんも「読者という『実体』があるんだ、というのをすごく感じます」

「DPZはずっと無料記事でやってきたので、『課金できるようになったから課金します』という動機で入会する人が多いんですよね。なので、会員の方が喜ぶことは何かっていうのはずっと考えています。『DPZがなくなったら嫌だ』という人が入ってくださっているので、存続することが大事で、毎日面白い記事を出すことが、会員の方への貢献なのかなと感じています」

....

まとめ　「デイリーポータルZ」の教え

....

● 「なんか気になる」は必ずメモ、好きなものは並べて「法則をイジる」
● 編集のポイントは「わかりやすく」と「ライターの色を出す」
● ライターのモチベーションを上げるフィードバックを

....

8

力のあるタイトルでSNSでの拡散を狙う

ねとらぼ

媒体概要 https://nlab.itmedia.co.jp/ ｜運営会社：アイティメディア株式会社 ｜設立：1999年（ねとらぼ立ち上げは2011年）｜収益モデル：アドネットワーク主軸 ｜人員構成：34名（第1〜第3編集部合計）｜売上・PV等：約3億PV／月

読者に受け入れられる「身内」ツイート

「【ご注意】編集長、副編集長とここ数日、ねとらぼ編集部内でぎっくり腰が流行しています。編集部員を含め、在宅ワークの皆さま、お気を付けください。また外出が必要なお仕事等に励まれている皆様も、健康に過ごされます様お気を付けください。」

　新型コロナウイルス感染拡大による緊急事態宣言発令中の2020年4月13日、ねとらぼ編集部のこのツイートにフォロワーやWebメディア業界の一部がザワつきました。記事の紹介がメインのアカウントから流れてきたのは、「身内」のいま。さらにぎっくり腰の連鎖という珍しさです。ツイートには「お大事にしてください」の言葉と共に、ストレッチ動画や対処法が寄せられ、3600を超えるいいねがついています。

「僕と（編集長の）加藤（亘）さんがちょうど同じときに相次いでぎっくり腰になって、編集部員から『ツイートしていいですか』と提案されました。読者の反応が優しく、ぎっくり腰に効く体操やマッサージの動画を送ってくれたので速攻でやりましたよ」

　記事への入り口の1つとして、WebメディアでもTwitterなどのSNS運用が欠かせません。ねとらぼのTwitterアカウントは22万、Facebookは5万人がフォローしています。

　IT関連のニュースサイト「ITmedia News」内のコーナーが2011年に独立してスタートした「ねとらぼ」。月間PVは約3億。ねとらぼのほか、ねとら

☐ 中の人を知ることができる「身内」ツイート
☐ 「上から目線」「こうすべきだ」は入れない
☐ 伝わる「パワーワード」だらけのタイトル

池谷勇人副編集長

ねとらぼ副編集長（「ねとらぼエンタ」などのサブチャンネルは別で、純粋な「ねとらぼ」本体を主に担当）。ゲーム業界紙の編集やアナリスト、フリーライターを経て2012年にアイティメディア入社。立ち上げ直後からのねとらぼ運営に関わる。

ぼエンタやねとらぼGirlSide、ねとらぼ生物部など9つのチャンネルがあり、3つの編集部でスタッフは30人ほどいます。

元テレビマンや元教師、元ギャンブラー、元質屋、元引きこもりなどキャリアは多様です。

「ネットの話題をきちんと調査・取材し紹介する」がコンセプト。2014年には編集者の行動指針をまとめた「ね

「ねとらぼ」の"伝説のアイテム"となっているねとらぼソース。

とらぼ憲章」を公開しました。「読者のためにある」「オリジナリティ」「裏を取り検証しデマを拡散しない」「早いにこしたことはない」など7つの指針を打ち出しています。

「当初から読者が安心して拡散できるメディアを目指していました。『記事のソースはねとらぼ』といってもらいたいがために、『ねとらぼソース』も作りました」

第一子の誕生も発信

10年の歴史の中で、「身内」の情報がチラ見えしたのはツイートだけではありません。

2019年5月、池谷さんの第一子誕生を祝う速報が出されました。記事を紹介するツイートには祝福が相次ぎ、1000を超えるいいねがついています。

編集部のプライベートな情報を記事にするメディアはあまり例がありません。生まれた時の体重まで公開されると、親戚のような気持ちで成長を見守る読者もいそうです。実際、「入園や七五三までシリーズ化してほしい」という声もありました。

　翌日には、「【業務連絡】副編集長です。この記事を書いた人へ、怒らないからあとで名乗り出るように。そして温かいリプライありがとうございます」という文章が添えられ、ねとらぼ公式アカウントから引用リツイートされました。同じアカウントを舞台に編集部の様子がわかるやりとりに、「こういう雰囲気の企業はいいなぁ」という反応も。ネットユーザーに愛されていることがわかります。

ねとらぼのツイートスタイル

　キャラクターがぶれたり距離感を間違えたりすると、一気にファンが減って炎上するリスクもあるTwitter。塩梅が難しいツールですが、ねとらぼではSNS専任担当を置いているわけではなく、記者が記事を執筆後にツイート内容を考えて投稿しています。「記事のツイートボタンを押すと出てくる文言に、記者の一言感想を加えるのがねとらぼの基本的な投稿」です。数年前いくつかツイートのパターンを試した結果、「一番ねとらぼらしく、拡散されやすく、いいねもつきやすい」形が今に残っているといいます。

「身近に感じられるツイートもしないといけないという意識はあります。記事に関係のない話題や個人的なおめでたごと、記事で間違いや訂正があったときにごめんなさいの意味を込めて『おやつ抜きの刑』のツイート。おやつ抜きの元祖は虚構新聞さんですが（うそで言ったことが現実になったとき、おわびとして社主がおやつ抜きの刑になる）、リスペクトを込めて真似した結果、うちでも定番になりました。最近は読者も覚えてきて、何か間違えると『これはおやつ抜きの刑だな』といわれます」

　Twitterのアイコンには、マスコットキャラクターの「ITちゃん」が使われています。明確なキャラ設定はないものの、「なんとなく『読者に寄り添う柔らかいキャラクターでちょっとドジっ子』というイメージ」です。ツイート内容はITちゃんのキャラに引きずられないのでしょうか？

「ITちゃんのつもりでつぶやくことはないと思いますが、ツイートを見て

いると IT ちゃんがいっている感じはありますよね。読者から訂正情報や間違いの指摘がきた時は『すみません』『ありがとうございます』と積極的に絡みます。ドジっ子キャラが板についているからか、間違えてもみんな優しいのはありがたいですね。間違いは良くないので、読者に甘えすぎてはいけないのですが（笑）」

読者の質はメディアの質

　ねとらぼの基本姿勢は、「フラット」であること。記事でもツイートでも、「上から目線の偉そうなメッセージや『こうすべきだ』ということは絶対に入れません」。これまで関わってきたライターや編集者はそれぞれ個性的なキャラクターですが、この姿勢はブレず、試行錯誤の結果が今のねとらぼにつながっています。身内のツイートが受け入れられるのは、読者もこの空気感を理解しているからかもしれません。

　公式アカウントを持つほか記者個人での SNS 発信も当たり前になっている今、書き手の顔が見える記事を意識し、記者のツイートをリツイートして拡散を図るメディアもあります。しかし、ねとらぼアカウントでリツイートをするのはねとらぼ生物部やねとらぼエンタといった公式アカウントのみです。

「ねとらぼの共通認識として、書き手のキャラを前に出してはいません。強いていえば IT ちゃん、ねとらぼという共通の個性を意識しています。書き手の意見を前に出さない記事を心がけているので、Twitter で書き手推しで行くと受け入れてもらえないのではという懸念はあります」

「編集側と読者側の両輪がかっちりかみ合ってないと今のキャラではできません。読者の質でメディアの質が決まるところもあると思います。うちが愛されているのであれば、それは読者によるところもすごく大きいと感じます」

様々な話題が取り上げられている「ねとらぼ」のホームページ。

拡散はタイトルが9割

　ねとらぼの記事ツイートは一見シンプルでも、多くのいいねを集めシェアされています。「拡散を狙うという意味では、タイトルが9割」と断言する池谷さん。ねとらぼでは、プラットフォームやSEOに強いものよりも、SNSで伸びるタイトルを狙ってつけているそうです。

　特にタイトルの長さが特徴で100文字ほどになったこともあります。「SNSでは流れてきたものが自然と目に入るため、パッと見ただけで読者の感情を刺激する必要があります。タイトルでどれだけ読者にストーリーをイメージさせられるか。美味しそう、楽しそう、すごい、けしからんなどを想起させるストーリーを入れるので長くなってしまうんです」

　タイトルを考える際、池谷さんは「パワーワードの足し算」をすると話します。

「文章のつながりがおかしくならない範囲でパワーワードを入れ込む、パズルゲームですね。私はパワーワードをSランク、Aランク、Bランク、……と分けています。Sランクワードには『狂気』や『爆誕』がありますが、『爆誕』は使いすぎて読者からツッコミが入りました（笑）」

　池谷さんの最近のお気に入りタイトルは2つ。1つ目は「『きのこの山＆たけのこの里』に抹茶味登場→今度は"茶産地"を巡って新たな戦国の火蓋が切られる」です。「ややこしい要素をうまく入れ込めた」と話します。

　2つ目は「ピザの全面にソーセージがみっしり直立　ヤケクソみたいなビジュアルのピザ『全力！ソーセージ』爆誕」。Sランクワードの登場です。「ビジュアルをうまく文字で伝えられた」納得のタイトルでした。いずれもパワーワードが並び好奇心が刺激されます。Twitterでは多くの人に拡散されました。

「タイトルを読めば本文を読まなくてもいいくらい、内容が伝わることを意識しています。全部の要素を入れないといけないので、どうしても長くなってしまうんです。あえて記事内容を伏せて読者の興味をそそるタイプも試したことがありますが、ことごとく外れました。PVはあってもリツイート数は伸びない。SNSで拡散された方がねとらぼらしいとなりました」

編集者に必要な「防御力」

　池谷さんはもともとゲームライターとして活動していましたが、2012年に運営元のアイティメディアに入社しました。ねとらぼでは編集者の視点で物事を見るようになったといいます。

「ライターの時は1本1本の記事の反応しか見ていませんでしたが、トータルバランスでねとらぼ全体の方向性や外からの見え方を考えるようになりました。記事自体の評価ではなく、Twitterでどれくらいシェアされて、読者にねとらぼという媒体がどう見られているのか、常に全体を見て考えています。記事は炎上ネタや真面目なネタばかりでもよくありませんし、Twitterの話題やほっこりした話も入れようと思っています」

　そして、「Web編集者として絶対必要な能力」は「防御力」だと強調します。

「ライターは攻めたことを書いてもいいけど、編集が引き取った段階で『隙』をチェックします。水が漏れそうな穴は先回りをしてふさいでおく。防御が薄いところはライターさんに伝えて直してもらいます」

「この仕事をしていると毎日反省ですね。記事の間違いだけでなく、タイトルを違うものにしたらツイートが伸びたかなとか。ああしたらよかったかな、こうしたほうがよかったかなと根に持つタイプの方が伸びます。ちょっと偏執的なところがあった方が、編集に向いているのかもしれません」

 「ねとらぼ」の教え

- ●SNS拡散はタイトルが9割
- ●タイトルにはパワーワードを入れる
- ●編集者には絶対必要な能力は「防御力」

9

問題意識から"会話を生む"ニュースメディア

ハフポスト日本版

媒体概要 https://www.huffingtonpost.jp/ ｜運営会社：BuzzFeed Japan 株式会社 ｜設立：2013年（日本版）｜収益モデル：広告・イベント・コンテンツ制作などによる「複合モデル」｜売上・PV等：2400万UU（2020年4月）

Twitterアカウント上でライブ配信「ハフライブ」

　政治や経済、ライフスタイルなどの時事ニュースに加え、個人の声を拾い上げる特集記事などを提供する「HuffPost」（立ち上げ時の名前は「The Huffington Post」）。

　2005年にアメリカで誕生し、2013年5月に日本版がスタート。2017年4月に媒体名を「ハフポスト日本版」（以下、ハフポスト）に変更し、「会話が生まれるメディア」を目指し、これまで数多くの記事を読者に届けてきました。

　また、2019年12月から、Twitter社と連携したライブ配信番組「ハフライブ」をはじめ、動画コンテンツを本格的に展開しています。

編集者に必要なのは、かけ算する力

　ハフライブでは、毎回各テーマに沿ったゲストを招き、トーク形式で進行します。
「ゲスト」×「時事問題」のかけ算を意識して、テーマを考える企画部分こそ、編集者の腕の見せどころです。

　「ゲストとテーマのどちらが先に決まるかは企画によって違いますが、かけ合わせるものが変われば、読者に伝わるメッセージも大きく変化します。そのかけ合わせで何が生まれるのか？　これからの編集者には、執筆者の原稿を読み込むスキルだけでなく、こうした『かけ算をする力』も求められていると感じています」（竹下さん）

☐ 編集者には「かけ算する力」が求められる
☐ 生配信だからこそ本気が伝わる
☐ 視聴者へ「魅せる」質問をする

竹下隆一郎編集長
ハフポスト日本版編集長。慶應義塾大学法学部卒。2002年朝日新聞社入社。経済部記者や新規事業開発を担う「メディアラボ」を経て、2014年〜2015年スタンフォード大学客員研究員。2021年6月に同編集長を退任。「会話が生まれる」メディアをめざす。

そして、「ハフライブ」をリードするのが、エディターの南麻理江さんです。

コロナ禍が始まったばかりの2020年3月。当時、「就活応援番組」をうたっていたハフライブでNTTデータの仕事を特集した際に、「かけ算の力」を強く感じたと言います。「企画当初は『グローバル社会で勝てるテクノロジー企業とは？』がメインテーマでした。しかし、配信日

配信前のハフライブのスタジオ（2019年撮影）。文章での発信に強みを持つハフポストだからこそ、YouTubeのような動画プラットフォームではなく、あえてテキスト中心かつ多くのユーザーを抱えるTwitterでの発信を優先した

が迫るにつれて新型コロナウイルス感染症の問題を無視できない状況になったんです。ハフポストは、時事に対応した発信をするニュースメディアです。だからこそ、状況に合わせて企画に練り直しました」（南さん）

NTTデータは、ATMやキャッシュレスサービスの裏側を支える企業。災害や感染症などの有事で世の中が混乱しても、システムを止めないことは重要なミッションの1つです。

そこで、新たな企画テーマとして「ビジネスを止めない！インフラ企業の役割」を採用しました。

「普段ならあまり注目されない当社の事業内容だ」とNTTデータの担当者が感想を漏らしたそうです。

「動画コンテンツを作るときに陥りがちな『完パケ発想』を捨てて、ラストミニッツまで社会情勢をにらみ、世の中をよりよい方向に進めていけるよう

に企画を直前までアップデートし続けることも、ジャーナリズムの一側面だと考えています」(南さん)

生配信だから「本気度」が伝わる

その後も、新型コロナウイルス感染拡大後の社会をリアルタイムに捉えた番組づくりは続きます。

2020年夏、コンビニチェーン「ローソン」のプライベートブランド(PB)がパッケージデザインを変更したことに対して、SNSで賛否の意見が噴出。

ローソン代表取締役社長の竹増貞信さんをゲストに迎えた「ポストコロナの『コンビニ』を考える」は、ネット世論を巻き込んだ回となりました。

ハフライブは98万視聴、番組の前後2週間で「ローソンPB」を含むTwitter投稿は1万3487件に達しました。

さらに、ローソンのPBについて、自らの意見をnoteに投稿するユーザーも70名ほどいたそうです。

実は配信前、新パッケージのデザインについて視聴者からは多くの否定的な意見が投稿されていました。しかし配信後は、ローソンを応援するコメントが多く寄せられるように。

南麻理江(みなみ・まりえ)さん
広告代理店を経て、ハフポストへ転職。記者・編集者、そしてハフライブ担当というキャリアをたどってきた

「いまは、売上や利益といった数字以外の経営者の『思想』によってビジネスが左右される時代。竹増社長の人柄や考え方が生の声だからこそ伝わったのではないかと思います。これもライブ配信をする醍醐味の一つですね」(竹下さん)

そんな動画ライブ配信で編集者に求められるのは「魅せられる質問ができるかどうか」。一般的にテキスト中心の記事上では、編集者は黒子に徹することがほとんどです。

しかし、動画における編集者はモデ

レーターの役割を求められ、自らの声が視聴者まで直接届きます。

「取材相手も、編集者・記者も、全員の動きが『可視化』されるのがライブ配信です。編集者も黒子ではなく、『こういう質問をすると、視聴者にどう思われるか?』を考える必要があります。

例えば、テキストまとめる取材では、質問がそのまま全てが記事になるわけではないので、相手の言葉を引き出すための『捨ての質問』を投げかけることが少なくありません。

ただ、ライブ中継では、『どう思っているんですか?』とストレートに突っ込むなど、読者の疑問に直結する姿勢が好まれます」(竹下さん)

今回のローソン竹増社長出演企画の際、竹下さんが重視したのは「一番困っている人の声」をぶつけることでした。

「コンビニのプライベートブランドのパッケージデザインが多少変わっても、『そんなに大したことはないのでは』という意見もありました。

けれど、障害がある方や口にする食べ物の種類が宗教の教えに直結する方、アレルギーなどの理由で特定の食材が食べられない方にとっては死活問題です。事前にコンビニに通う外国人を含む多様な消費者を取材し、生配信に臨みました」(竹下さん)

怒りを伝え、社会を次のステージへ転換する役割

ポストコロナの『コンビニ』を考える」の配信を経験し、「真面目に議論すればするほど、視聴者もちゃんとついてきてくれるという強い手応えを感じた」と竹下さん。

メディアにはいま、『怒りを聞き、それを徹底的に向き合う力』と『社会を次のステージへ転換する役割』の2つが期待されていると話します。

「消費者やユーザーの声は『怒り』として表現されることが多いんです。コンビニパッケージの裏側には切実な思いがあったように、『冷静になろうよ』と怒っている人を抑えつけるだけだと見えないこともあります。そのうえで、社会をどう良くするかを考える役割がメディアには求められているのではないでしょうか」(竹下さん)

「距離をとる」はハフポストが掲げる大事なスタンス。それはユーザーとも距離をとることをも意味しています。

「私たちはユーザーと向き合うと同時に、社会にも向き合っているんです。例えば、視聴者に人気の企業をゲストとして呼んだとしても、『本当はいい企業ではないのかもしれない』『この情報をそのまま伝えると宣伝になってしまうのではないか』と必ず考える。ユーザーが好む話題よりも、社会にとって投げかけるべき問題を大切にしてします」（竹下さん）

とはいえ、メディア運営を継続していく以上、絶対に考えないといけないのがマネタイズ。PVに連動した広告を収入源の一つとするネットメディアでは、PVをおろそかにできないのは事実です。

ハフポスト日本版の場合、スポンサードコンテンツやイベント収入が全体の6割前後に達しています。

「ジャーナリズムは、ビジネスと適切な距離をとらないといけません。多くのウェブメディアはPVを追いかけ、ユーザーを獲得し、広告費を得るサービスとして運営されていますが、これだけに頼るのはあまり良い状態ではないでしょう。ハフポスト日本版は動画からの収入もかなり増えてきたので、その分ジャーナリズムの独立性がますます強固になりました」（竹下さん）

企業とタイアップし、新しい文化を作っていきたい

「将来的にハフポスト日本版は、Netflixから依頼を受けてドキュメンタリーや動画を作るようなメディアに成長していく」と竹下さん。

すでに企業のオンラインイベントの企画・制作も始めています。

これからのメディアは単にニュースを配信するだけではない。だからこそ、竹下さんは現在、短期的に売り上げをつくるためのクライアントではなく、一緒に新しい文化を作っていくパートナー企業と出会いたい、とも話します。

「これから5Gなども含めてテクノロジーはさらに進化していけばもっと視聴者とのコミュニケーションもスムーズになっ

NTTデータ「ビジネスを"止めない"」など、イベント配信の際にはTwitterを通して、視聴者から様々なリアクションが届いた。

て、もしかしたらネットメディアのオンライン生配信がテレビよりも先に行けるかもしれません。

　テレビは、企業のCMによって支えられてきましたが、これからの時代はメディアと企業のコラボはCMだけではないと思うんです。例えば、鉄道会社は電車を動かすだけでなく、公共交通機関を通した街づくりも担ってきました。そうすると『新しい街づくりを、メディアを通じて多くの人と一緒に考える』といった概念作りにも取り組めるのではないでしょうか。そういった新しいタイアップをしていきたいですね」

まとめ 「ハフポスト日本版」の教え

- ●企画を直前までアップデートする「脱・完パケ発想」
- ●オンライン配信に合わせて、質問の仕方を変える
- ●メディアには怒りを伝え、社会を次のステージへ転換する役割がある

10

写真で埋めるのではなく、写真で伝える

ハフポスト日本版
（フォトエディター）

媒体概要 https://www.huffingtonpost.jp/ ｜ 運営会社：ザ・ハフィントン・ポスト・ジャパン株式会社 ｜ 設立：2013年 ｜ 収益モデル：広告・イベント・コンテンツ制作などによる「複合モデル」｜ 売上・PV等：2400万UU（2020年4月）

「写真は後から入れます」のもったいなさ

　メディアに関わる人でも、「フォトエディター」という職業名は聞き慣れないかもしれません。フォトエディターとは読んで字のごとく「写真の編集を仕事にする」編集者。しかし、一般的なイメージとは異なり、その役割はレタッチのような画像加工などだけではないといいます。

「文章の編集者とすることは同じだと思います。記事の出稿前、あるいは企画段階で相談をいただければ、『この記事にはどんな写真が必要か』を検討します。『この写真はGetty ImagesやReutersなど契約をしている通信社にある』とか、『この取材には独自の視点があるから自分たちで撮影にいきましょう』と。撮影をする場合は、文章の編集者がライターをアサインするように、フォトエディターが把握している外部のフォトグラファーの特性に基づき、媒体のビジョンや記事のトンマナ（論調）に合わせてアサインします」

「記事の内容や予算、締切などの条件に応じて、この記事を最高の形で出すにはどんな写真があればいいのか」を考えるのがフォトエディター、と坪池さん。海外メディアでは一般的な仕事ですが、日本ではあまり知られていません。坪池さんとの議論の中では、新聞社だと「写真部のデスク」、雑誌社なら「誌面レイアウトをデザインする編集者」が近い、ということになりました。

　もちろん「撮影後のレタッチ」といった業務もないわけではありません。しかしそれは、文章の編集でたとえるなら記事を作成した後で、言葉のまちがいや事実誤認を修正する校正・校閲のようなもの。それ以前に、記事作成

☐ ときには企画案段階から必要な写真を想定してドラフト作成に関与
☐ 文章と写真が相互に高め合うように写真を「編集」する
☐ 写真が他者の権利や尊厳を侵害していないかチェック

坪池順 フォトグラファー・ニュースビジュアルズエディター
アメリカ出身。ボストン大学でジャーナリズムを専攻。在学中から
フリーランスのフォトグラファーとして活動。渡日し、2016年1月
からBuzzFeed Japanでフォトエディターとして勤務、2018年5月
にハフポスト日本版へ移籍し、現職。

の上流工程において、写真という記事の要素に対して編集を加えるのが、フォトエディターであるといえます。

　一方、Webのライターや編集者は「写真で埋める」という発想を持ちがちです。このようなことは、Webの記事を制作したことがあれば、思い当たるのではないでしょうか。その結果、Webメディアには「挿絵としての意図しかない写真」が溢れてしまっています。

　離脱防止という写真の効果はたしかにあります。また、「書いては出す」サイクルを速く回さなければいけないWebメディアの事情も理解しつつも、坪池さんは「それは、記事を書く前に相談に乗るフォトエディターがいれば、避けられること」だと指摘します。

「『写真を撮影する』という行為は取材であり、『どのような写真を使用するのか』はライティングと同様、筆者のメッセージが強く込められるポイントです。文脈に沿った写真の選定もフォトエディターにとって大事な仕事です。しかし現場でよくあるのは、記事を書いた後で『写真は後から入れます』『先にテキストを見てください』と編集者に依頼するコミュニケーションではないでしょうか。写真ではもしかしたら文章では伝えられないことが伝えられるかもしれないのに、もったいないと感じます」

　坪池さんはWebの記事を読むときに、「いったんテキストは読まずに、記事の上から下まで写真だけを見る」ことがあるそうです。

　そうすると「『写真だけでも筆者の訴えたいことが伝わる記事』と、『ただ同じ人がポーズや画角を変えて写り続けている記事』『やたらとイメージ写真ばかりが並べられている記事』に分かれる」とのこと。テキスト中心に思考してしまうメディア関係者には、身につまされる話です。

「攻め」と「守り」のフォトエディティング

「写真で埋める」ではなく「写真で伝える」──当たり前のことですが、慌ただしいWebメディアの現場ではしばしばこのことが忘れられてしまいます。このように、伝えるべきことを伝えるための「攻め」のフォトエディティングがまず業務としてあることに加え、重要な「守り」のフォトエディティングもあると坪池さんは説明します。ここで守るべき対象というのは、写真にまつわる諸種の権利や尊厳のことです。

「特にWebでは簡単にダウンロードやスクショができてしまうために軽く考えられがちですが、写真というのは知的財産です。撮影したのが報道機関であれ個人であれ、それを利用する場合にはルールを遵守しているか、許諾はもらえているのかなどをしっかりチェックしなければならない。Getty ImagesやReutersなど契約をしている通信社も写真によって使用制限はあるし、SNSの埋め込みの規約もプラットフォームごとに違う部分が見られ、また著作物の法律は国によって異なります」

加えて写真の場合には、いわゆる肖像権やプライバシー権など、写った人の権利や尊厳もあります。「この写り込みはOKか、NGか」といったことで頭を悩ませたことがある人もいるはずです。頭を悩ませたならまだいい方で、「気を抜くと意図せず他者の権利を侵害してしまうことがある」（坪池さん）からこそ、フォトエディターのように専門知識を持ち、チェックすることができる職業が必要だといえるでしょう。

フォトエディターがいないと何が起きるのか。坪池さんはWebメディアに散見される「ボカシ」処理を例に挙げます。前述したように「撮影は取材」であるという意識が浸透していないと、安易に「念のためボカシておこう」という発想になってしまうというのです。

「フォトグラファーは視界に入ったものを撮る。それ自体は紛れもなくファクト（事実）ですが、どこからどこまでをビューファインダーに収めてシャッターを切るか、というのは、撮影者の主観により決まることでもある。だからこそ、フォトグラファーは『何を、どう撮ったか』を評価される。それを後からボカシ処理するというのは、ある意味では隠蔽でもあります。もちろん他者の権利を守るためにボカシが必要な場合はあるのですが、非常に重い

判断です」

　フォトエディターが守っているのは、こうした写真の「倫理」。それを踏まえてケースバイケースの判断、さらには「フェアユース」のように、難しい判断を迫られることになります。細かくさまざまな制約がある中で、坪池さんが一貫して注意しているのは「イヤなヤツにならないこと」だそう。

「これはまず、『他者の権利を侵害しない』という意味です。特にWebでは、一度掲載した写真を完全に削除することはできません。どこかにアーカイブされたりキャッシュになったり転載されたりして、ずっとネットの海を漂い続ける。それだけに、写真によって不幸になる人を出さないというのは、まず徹底しなければいけないことです」

　また、それをメディアとして防止するために「組織内でも、相談しやすい存在であろうと努力している」そうです。

「不幸なのは、『文章と写真どちらも必要だから相互に高め合う』ではなくて、『それぞれのパーツを埋めるためにそれぞれが書いている／撮っている』ような状況」

　文章を書く側と写真を撮る側にいつの間にか生まれてしまった壁のようなものを、乗り越えていきたいといいます。

 まとめ　「ハフポスト日本版（フォトエディター）」の教え

- 写真撮影は「取材」そのもの。
  写真は「埋める」ではなく「伝える」ために使用する
- 写真の使用にはさまざまなルールがあるが、
  一番は「イヤなヤツにならないこと」を念頭に
- 実務経験を積み重ねられるところで修行する。
  問題意識を持って写真を見ることも重要

11

記者会見も生放送で終わるまで

ABEMA Prime

媒体概要 https://abema.tv/ | 運営会社：株式会社 AbemaTV | 設立年：2015年 | 収益モデル：広告・課金収入等 | 売上・PV等：アクティブユーザー1200万人／週

生放送「自分がワクワク」

　平日21時、東京・六本木のテレビ朝日のけやき坂スタジオ。旬のニュースやインターネットの話題について、当事者や個性的なコメンテーターたちが徹底議論する「ABEMA Prime（アベプラ）」の生放送が始まります。郭さんは「サブ」と呼ばれる副調整室から、進行の指示やテロップの打ち込みなど、番組の司令塔として、2時間ノンストップで動き回ります。

「準備して番組にはのぞみますが、生放送なので最終的にどうなるかは分からない。出演者たちのかけ合いの中から、『今日は何を新しく学べるだろう』と自分が一番ワクワクしているかもしれませんね」

　放送の指揮以外にも、取り上げるニュースや解説者の選定、番組の危機管理、SNSやYouTubeでの発信や、ABEMAの番組を中心としたニュースメディア「ABEMA TIMES」の監修など、仕事は多岐にわたります。また、アベプラを含めたABEMA NEWS全体の編成や宣伝にも関わっています。

　そして、新型コロナウイルスの感染拡大後は、「3密対策」をしながらの放送が求められています。日替わりMCとアナウンサー以外はリモート出演にしたり、出演者同士の距離も2m離して間にアクリル板を置いたり。スタジオ

記者クラブから気象庁取材の情報を伝える郭さん。
©AbemaTV.inc

郭晃彰プロデューサー

1987年生まれ。株式会社テレビ朝日に2010年に入社。国土交通省、海上保安庁、気象庁を担当。2016年の「ABEMA」開局に参加、夜帯のニュース番組「ABEMA Prime」のチーフプロデューサーを務める。

が1階にあるため、放送中は扉を開けて換気もしています。

こうした対策は、番組での「議論」も経てできあがったそうです。

「3密を避けようと放送では伝えているのに『放送局が守れていないのでは』という指摘が出演者からありました。そこから、医療関係者に監修をしてもらい、感染を防ぐ態勢を作り上げました」

「何かあったらすぐABEMA」

サイバーエージェントとテレビ朝日の共同出資により、2016年春に開局したABEMA。テレビ朝日の報道記者だった郭さんは、開局準備メンバーとして参加しました。

大事にしてきたのは、地上波放送とは違う「2つの軸」です。

1つは、事件事故や緊急会見などが起きたら「ABEMAで流していないかな?」と思われるメディアになること。今では、芸能人の緊急会見から新型コロナウイルスに関する新情報まで、時間に関係なく中継や速報ニュースを伝える態勢を整えています。著名人の会見中継などで視聴数が話題になることもありましたが、郭さんがネット中継の力を最初に感じたのは、開局してまもない時期に発生した熊本地震でした。

「出向前は災害担当をしていたので、地震発生後はテレビ朝日に戻って、気象庁を取材していたんです。その時に、ABEMAのスタッフから『スカイプでいいからしゃべってくれ』といわれて、記者クラブで取材した情報をずっと話したんですよ」

「テレビではリポートしていても、すぐに反応はわからないけど、ABEMA

は画面にコメントが出てくる。僕にとってはそれが新しくて。『わかりにくい』と指摘された部分は、次の中継で言い換えていました。視聴者のコメントでコンテンツが変わるのが、シンプルに面白かったですね」

記者会見に需要

テレビ記者であれば、見過ごしていたかもしれない会見にも、中継の需要を感じたといいます。

「覚えているのは、仮想通貨の流出があった企業の記者会見です。地上波の感覚だと当時はまだ、『仮想通貨なんて誰が興味あるの？』という認識でした。それでも、ABEMAは態勢が組めるなら中継しようというスタンスだったので、ノーカットで流したんです」

「そうしたら、これまでに見たことがない視聴者数を記録しました。深夜の会見でしたけど、こうしたテーマに関心があるユーザーを受け止められているのが自分たちのメディアなんだなと再確認しました。地上波では短いニュースになってしまうかもしれませんが、ネットの関心事であれば手厚く扱っていこうというのは、改めて思いましたね」

「何かあったらABEMA」のスタイルは、新型コロナ報道でも。会見があれば、国だけではなく地方自治体も、できる限り中継をしています。

「視聴者の規模としては大きくない場合もありますが、その場所に住む人にとっては大事な情報。必要としてもらっている実感はあります」

熱量あれば「刺さる」企画に

もう1つの軸は、「企画の熱量」です。アベプラではこれまで、社会の中でもマイノリティな存在に焦点をあてた企画を数多く展開してきました。地上波のこれまでのニュース番組では、「はじかれていた」テーマでもやってみる。その結果、大きな発見があったそうです。

「きっかけは、言葉をうまく出せない症状がある就活生などへの取材でした。インタビューでは、どうしても『うまく話せない時間』が存在するので、放送のハードルは高くなります。それでも、同じ症状があるディレクターはこの症状を知ってもらいたいと、VTRを作ってきました」

「うまく話せない部分も放送するというのは、私も経験がありませんでしたが、ディレクターの熱意もわかっていたので、放送を決めました。すると、当事者の直面する悩みや懸命に生きる姿に視聴者から『こうした症状を初めて知りました』『私も当事者です』というコメントがたくさん届いたんです」

難病を扱った特集は深夜のドキュメンタリーとして地上波でも流れることはありましたが、アベプラでは看板コンテンツの1つになりました。

「当事者の数としては少ないかもしれません。それでも、伝えたいという熱量があれば、最終的には多くの人に『刺さる』コンテンツになるという思いは、今も変わりません」

■ ネットの声と独自の視点を

ネット上に膨大な情報があるなか、「目にとまる」、「思い出してもらう」メディアを作るには、編集力が問われます。アベプラを含めたABEMA NEWSは、「速報性」と「企画力」という軸が「地上波にない放送」というカラーにつながっています。

郭さんは「もちろん、うまくいく日ばかりではありません」としながらも、「2つの軸を大きくするため、ネットの声に耳を傾けることと、独自の視点を提示することにはこだわっています」と話します。

テレビ朝日では、気象庁のほかにも国交省などを担当していた郭さん。「スクープと、ライバル局が報じているニュースを漏れなく伝える」ことが仕事の軸足だったと振り返ります。

一方、ネット上では「偏っている」「意見を聞かない」など、マスメディアへの不信感は高まっていました。

「テレビにいた時から、ネットの意見は気になっていましたが、仕事と直接結びついてはいませんでした。だからこそ、ABEMAではこの部分に答えていくことを目指しています」

地上波放送が総花的な「総合商社」であるならば、そのオルタナティブとしての「専門商社」でありたい。検察庁法改正案をめぐる議論では、反対ムードの高まりだけを報じるのではなく、安倍晋三首相（当時）に近い論客もスタジオに呼びました。

「安倍さんを擁護する側にも主張や理屈があるので、結果的にこのニュース

を立体的に見ることができると思ったんです」

こうした企画も、「意図がしっかり説明出来れば通りやすい」といいます。

記憶型から検索型へ

情報への向き合い方が「記憶型」から「検索型」になったのも、記者を離れてから変化した点だそうです。

記者時代は、自ら「専門家」として解説することなどが求められたため、担当している分野のネタすべてを頭に入れるようにしていました。一方、ABEMAでは番組を見渡す立場なので、カバーするのはあらゆるテーマになります。そこで郭さんは、一つ一つの分野に精通しようとするのではなく、この話題ならこの人、というような「検索ワード」を作るようにしました。

その時に役立てているのが、専門家や当事者が発信するSNSやブログです。検察庁法改正案の話題では、法律家の立場からnoteに論点をまとめていた弁護士にも出演を依頼しました。

「ネットだけでなく人と会って人脈を広げたり、たくさんのニュースに触れたりもして検索ワードを増やしています。この時も、独自の視点をもっているかどうかは大事にしていますね」

番組では、スタジオ出演者の存在も欠かせません。

2020年春から、EXITや2ちゃんねる創設者のひろゆきさんも日替わりMCに迎えた。©AbemaTV.inc

「アベプラの場合は、役割を決めるのではなく、それぞれがインタビュアーになったつもりで質問をしたり、意見をぶつけてもらったりしています」と郭さん。そうして生まれた新たな発見が、放送前に想定したものを超えた時は、やりがいを感じるといいます。

「放送後」も届ける努力

編集者としては、「放送後」のコンテンツにも目を向けるようになりました。

アベプラは、ABEMAのアプリ以外にTwitterやYouTubeにも動画を出しています。特にYouTubeはユーザーが視聴しやすいように、企画ごとに10〜15分の動画に再編集したり、サムネイルを専用で作成したりと注力。過去の特集も復活させ、視聴数が570万回を超えるヒット作が生まれています。

「テレビ出身なので『生放送が一番』だというのは、今も変わりません。でも、作ったコンテンツを放送後も届ける努力をするというのは、もっと自覚しなくてはと思っています。Webでは、ユーザーがいる所にコンテンツを届けないと、存在していることも知ってもらえない。少し寂しいですが、最近は生放送も『素材』だと思って、放送後に配信する媒体にあわせて『完パケ』を作るイメージです」

　ABEMAでは、動画だけではなく、放送内容をテキストにもして、配信をしています。

「テレビ制作の現場も変わってきてはいますが、『こっちが作ったものを見ていればいい』という態度では、厳しくなる時代です。オリジナルの番組を知ってもらう、アプリを使ってもらうためにも、あらゆる手を尽くしていきたいです」

まとめ 「ABEMA Prime」の教え

- 記者は「記憶型」、編集者は「検索型」
- 通したい企画であれば、その意図や熱量をしっかり伝える
- 作ったコンテンツは放送後も届ける努力を

12

テレビではすくえないニッチを届ける

FNNプライムオンライン

媒体概要 https://www.fnn.jp/ ｜運営会社：株式会社フジテレビジョン｜設立：2018年（ホウドウキョクの後継サービスとしてスタート）｜収益モデル：広告による「無料モデル」｜売上・PV等：8730万PV／月（2720万UU）

突然の人事異動「デジタルへ」

　会社員にとって人事異動は大きな存在です。転勤のように住む場所が変わらなくても、部署が変われば仕事の内容が一変してしまいます。

　歴史のある会社の場合、デジタル関連の新しい部署は、入社当時、存在すらしていないことが少なくありません。

　清水さんが2002年にフジテレビへ入社したとき配属されたのは報道局でした。

「内勤を経て、政治部の記者として当時の小泉純一郎首相を担当するなど、報道の現場で経験を積みました」

　その後は、政治討論番組である「新報道2001」でディレクターを務め、ニュース番組「スーパーニュース」で演出を担当し、「ニュースJAPAN」のプロデューサーへ。テレビ局の社員として順調に、経験を積み上げていました。

　転機が訪れたのが2014年12月です。選挙特番の総合演出をしていた時、当時の上司からデジタルへの配属を打診されました。

「正直、それまでデジタルとの接点はありませんでした」

　清水さんが任されたのが2015年4月に生まれたフジテレビのデジタルメディア「ホウドウキョク」（2018年からは後継サービスの「FNNプライムオンライン」に移行）です。

　記者時代から、テレビの限界と可能性について考えていたという清水さん。

☐ 番組でカットされてきた細かく深い情報を形に
☐ 時間内におさめる「既存のルール」に縛られない
☐ ベンチャー企業と新しい仕組み作りに挑戦

清水俊宏チーフビジョナリスト
オンラインメディア戦略担当。2002年に報道局配属後、政治部記者、
報道番組ディレクター、プロデューサーなど。2021年6月には
YouTube向けオリジナル番組『#シゴトズキ』を立ち上げ、自らファ
シリテーターとして出演。

突然の異動ではありましたが、デジタルへの抵抗感はそれほどなかったと振り返ります。

「政治部で野党を担当したことがありますが、原稿を書く機会が少ないんです。ものすごく取材したのに『徹底抗戦する』くらいしか放送されない。24時間という枠がある地上波の中では、まず、与党が決めた法案などを伝えることが優先されます」

バブル期のトレンディドラマをはじめ、「ドリフ大爆笑」「カノッサの屈辱」「なるほど！ザ・ワールド」など、看板番組を生み出してきたフジテレビ。

　実際、ニュース番組は朝、昼、夜と決められた時間しかなく、バラエティ番組やドラマに比べると放送時間が長いとはいえません。

「テレビの仕組み上も難しいことはわかっていたのですが、『野党がどういう戦術で反対しようとしているのか』『そもそも、なんで反対しているか』『与党と逆の側から見た方がわかりやすいこともあるんじゃないか』という思いは持っていました」

　そんな時、時間の制約のないデジタルという舞台が与えられ「オンラインなら出せることがあるんじゃないか」と気づいたそうです。

ニッチなニーズに応える

「ホウドウキョク」が生まれた2015年は、インターネットがますます大き

な存在になっていく時期でもありました。電通がまとめた「日本の広告費」によると、「インターネット広告費（媒体費＋制作費）」が初めて1兆円の大台を超えたのも、この年です。

　テレビ局が置かれた環境が大きく変わる中、「ホウドウキョク」を担当することになった清水さんは「地上波で放送された番組を、そのままネットに出して終わりではない。新しいコンテンツの生かし方を考えなければいけないと思いました」

　一方で、大きな組織、歴史のある会社であればあるほど、新しい取り組みには様々なハードルが生まれます。

　1959年に設立されたフジテレビは、社員1000人を超える巨大メディア企業です。在京キー局として、日本のエンターテインメント業界を引っ張る象徴でもあります。地上波という強力な枠組みが完成されている中で、デジタルという新しい取り組みを軌道に乗せるには、ゼロから始めるベンチャー企業とは違う戦い方が求められます。

　社内で新しい取り組みであるデジタルに協力してもらう人を探す中で思い出したのが、野党担当時代に感じていたジレンマでした。

　地上波においては、「マス」という多くの人にとって大事な情報かどうかを基準に番組が組み立てられていきます。一方で、人々の興味関心は多様化しており、ドラマやお笑いだけでなく、政治や国際ニュースにおいても、1つの分野を詳しく知りたいというニーズが生まれているのが実情です。

　マス向けの番組ではとらえきれない情報の求めに対して、インターネットなら受け皿として機能できるはずなのに、テレビ局のようなマスメディアは柔軟に対応できているとはいえませんでした。

　報道現場を経験した清水さんが考えたのが、ニュース番組などで背景を説明するため、特定の分野について専門的に取材を続けている解説委員というベテラン社員との連携です。

　「解説委員の人たちは、野党を担当していた時の自分と同じように、取材の成果を出す場所が少ないと感じていました。声をかけると、積極的にデジタル用のコンテンツを書いてくれました」

　イノベーションのジレンマにおいては、新規事業に力を注ごうとすれば、既存事業は手薄になります。既存事業がわかりやすく不振に陥っていなければ、なおさら、新規事業に取り組む意義は説明しにくくなります。

「その頃は、部署によっては、『オンラインの仕事をやっている時間があるなら、地上波用の取材をしろ』という人もいました」

　清水さんは、自分と同じような「取材した情報の生かし方」について課題を感じている社内の人材と、専門的な情報を求める世の中のニーズをつなげることで、「ホウドウキョク」のコンテンツを充実させていきました。

　その際、清水さんが気を配ったのは、読まれ方が現れる数字のフィードバックです。

「数字だけを目標にしているわけではありませんが、『ヤフトピに載ったかどうか』『PVをどれだけ集めたか』を、きちんと返すようにしました。視聴率とは違う、別の世界の物差しの存在を、ネットに関わっているメンバーにも共有してもらいたかったんです」

24時間という枠組みを取っ払う

　2016年、「ホウドウキョク」は、メディア業界にとって最も権威があるとされる「新聞協会賞（写真・映像部門）」を受賞します。前年に茨城県常総市で起きた鬼怒川の決壊で、濁流にのまれる親子が救出されるまでをノーカットでネット中継をしたのです。地上波の番組編成では不可能な情報の届け方が評価され、民放では最多となる4度目の受賞になりました。

　地上波は1日24時間という相対的な時間軸の中で様々なジャンルの番組をバランスよく配置するという絶対的なルールがあります。

　しかし、録画をはじめ、Netflixのような見たい時に選べる動画サービスも生まれる中、従来の番組編成と視聴スタイルが合わない場面も生まれていました。

　人命がかかっているとはいえ、後に控えている番組の放送時間を変えて救出劇を長時間にわたって中継するというのは、地上波では難しい手法です。一方で、一度、救出劇の中継を目にした人の多くは、最後まで見てみたいという気持ちになるのが自然です。

　デジタルなら、24時間の時間を割り振るという番組編成にとらわれる必要はありません。救出劇のネット中継は、旧来のテレビの枠組みでは形にしにくいものを伝えるという、清水さんが記者時代に抱えた問題意識につながる挑戦でもありました。

「意識してきたのは『新しい伝え方を作る』ということです。これまでのメディアは、情報を集めて早く正確にわかりやすく伝えることが一番の役割でした。これから考えなければいけないのは、届け方自体を開発すること」

競合他社にスタジオを貸す

2017年7月、「ホウドウキョク」は、NewsPicksと連携した番組「Live Picks」を始めます。落合陽一さんら、新しい世代を象徴する人物をコメンテーターに起用した取り組みは、地上波のニュース番組とは接点のなかった若年層からも注目されました。

「一般的に経済ニュースは、映像になる素材が少ないのでテレビで取り上げるのは難しいんです。株価やGDPなどは、イメージがしにくい。でも経済は生きるために必要な情報のはず」

そうして生まれた「LivePicks」は、討論を中心に、他社にスタジオを貸して制作するなど、従来のテレビ局の報道番組の定義には当てはまらないものでした。そもそもライバルにもなり得る他社と一緒に報道番組を作るという発想は、旧来のマスメディアの常識からは考えられない取り組みだったといえます。

「LivePicks」では、ユーザーが、配信中の番組に対してコメントを投稿できたり、リアクションできたりする機能を用意しました。

「PVを取ることを目的にしない。その人に合った情報を表示させるパーソナライズだけでは終わらない。コミュニティを作るところにまでつなげたいと思いました」

ベンチャー企業が立ち上げた新興メディアと組み、双方向性を重視した「LivePicks」。目新しさが目立ちますが、清水さんにとっては、従来のテレビの延長線上にある企画だったといいます。

「まわりの人に伝えたくなるような体験を生み出したかったんです。それは、子どもたちが家のテ

鬼怒川（中央奥から左）の堤防が決壊し、市街地に水が流れ込んだ。2016年、「ホウドウキョク」は親子が救出されるまでの一部始終をノーカットで放映。

レビで見た番組について教室で盛り上がることと変わらないはず」

　清水さんが挑んだのは、時代を経ても変わらないテレビ局の「ミッション」を実現するための手段を、時代に合わせて生み出すことでした。

「地上波だけでは形にしにくくなっているのなら、テレビにこだわる必要はないんです。テレビモニターの代わりに部屋にある窓ガラスを使ってもいいし、駅のデジタルサイネージを活用してもいい。自分たちでできないなら、どんどんいろんなところと連携していくのは自然なことじゃないでしょうか」

　そもそもテレビ局が大事にしてきた「ミッション」に立ち返ることで、新しい取り組みの意義が明確になったといいます。

 「FNNプライムオンライン」の教え

- ●同じ問題意識のある人に声をかける
- ●もともとあるミッションに立ち戻る
- ●ユーザーを巻き込むコミュニティまでつくる

13 クックパッドニュース

媒体概要 https://news.cookpad.com/ ｜ 運営会社：クックパッド株式会社 ｜ 設立：2014年 ｜ 収益モデル：クックパッドのオウンドメディア ｜ 人員構成：7名（編集部）｜ 売上・PV等：2500万PV／月

Webで大事にする「3つの柱」

　料理レシピサービスとしてトップを走るクックパッドには、約337万品のレシピが蓄えられています（2020年6月30日時点）。クックパッドのオウンドメディアである「クックパッドニュース」の特徴は、膨大なレシピという「宝の山」を、WebやInstagram、LINEなどを駆使してユーザーに様々な形で伝えているところにあります。

　土台となるのは、Webの「クックパッドニュース」です。

　月間PVは約2500万（外部メディアへの配信分含む）。1日に8本から10本の記事を配信しており、月間の新着記事本数は250本から260本にのぼります。編集部の部長である福井千尋さんは「サイトでは3つの柱を大事にしています」と話します。

　まず1つ目がレシピ紹介です。その中心が「クックパッドニュース」です。

　「読者がすぐに取り入れられるように、ハードルを感じさせず、かつ新

月間約2500万PVのクックパッドニュース

福井千尋編集長

1976年生まれ。2000年より、人材ビジネス企業にて転職サイトの企画・運営、キャリア・転職をテーマにしたオウンドメディアの立ち上げ・編集に携わり、のべ1500名以上のビジネスパーソンの取材に従事。2018年6月、クックパッドへ入社。

鮮さのある情報をお届けすることを心がけています」

2つ目がノウハウ。

「手間がかかる調理を簡単に行うための、ちょっとした裏ワザや時短テクニック、食材を長持ちさせるための保存方法などのTipsを伝えています」

最後の3つ目が、インタビュー記事などの読み物です。

「料理を『やらなければならない家事タスクの1つ』から『楽しみ』へ変えていくような、新しい価値観を届けたい。

そのために、プロの料理家さんや料理好きのタレントさんなど、料理を楽しんでいる方たちのインタビュー記事などを通して、『料理ってこんなにクリエイティブで面白いんだ、気持ちや人生を豊かにしてくれるんだ』ということを伝えられたらと思っています」

サイトへの流入経路は4等分されており、「検索」「SNS（LINEを含む）」「ダイレクト」「リファラル」となっています。

Facebook（フォロワー約23万）は、昔からのコアなファンが多いのが特徴です。そのため、Webで配信するすべての新着記事をいち早く届けるために自動で投稿しています。Twitter（フォロワー約6万）は、男性ユーザーも多いのが特徴です。「フライパンでスモークサーモン風が作れる」などの料理の裏ワザ系の記事を紹介した投稿が人気だそうです。

そして、最近、特に力を入れているのがInstagramとLINEです。

Instagramはコアユーザーのファン作り

Instagram（フォロワー約1万3000）の狙いは、コアなファンのコミュニティ

作りです。

　クックパッドのレシピ作者の中でも特に人気の高い58人の「クックパッドアンバサダー」を中心にしたコミュニティ運営の一環として活用されています。Instagramを担当する中山亜子さんは「アンバサダーの方と編集部が一緒に料理をするインスタライブに取り組んでいます。ライブを見ながら一緒に作ってくれる方もいて、料理好きのユーザーさんたちにとって新しい料理の楽しみ方が生まれているのではないかと思っています」と話します。

　2020年4月に4000ほどだったフォロワーは、6月には1万を超えるなど好調のInstagramですが、決して"想定通りの結果"というわけではなかったといいます。

　「アンバサダーとの連携に力を入れだした2020年の初めごろは、主にリアルイベントの開催を軸に様々な施策を企画していたんです」

　そんな中、新型コロナウイルスの感染拡大を受けた外出自粛が広まります。「いろんなものがストップしてしまいました。でも、限られた状況であれこれ試行錯誤してみた結果、手応えを感じられたのがオンラインでできるインスタライブの配信でした」

　数あるSNSの中でも料理と相性がよいInstagramの特徴を踏まえ、グローバルで展開しているクックパッドの海外アカウントとの連携も強化していきました。

　「アンバサダーさんの中にはすでに多くのファンがいる方も少なくありません。でも、自分のレシピが海外のアカウントに取り上げられるのは新鮮だったようで、すごく喜んでくださいました。Instagramで発信力のあるアンバサダーさんが、自らライブ配信の告知やクックパッドニュースの記事の情報をストーリーズに流してくれるようになり、新たな料理好きのユーザーさんとの出会いが生まれるなど、好循環を作り出せたのです」

中山亜子（なかやま・あこ）さん
「限られた状況で試行錯誤してみた結果、手応えを感じられたのがライブ配信でした」と振り返る。

LINEはユーザーの潜在ニーズを把握

　LINEの公式アカウントメディアの中でもトップクラスの累計約730万人というお友だち登録数を誇る、クックパッドニュースのLINE公式アカウントをどういかすか。

　担当する植木優帆さんが心がけるのは「プッシュ型」という特性です。
「LINEのユーザーさんの多くは、お仕事や育児などで忙しく、毎日の料理に時間をかけられず、献立を考えるのに困っている方」と認識していると話す植木さん。

　自ら目的を持ってレシピを検索して探すクックパッド本体の能動的なユーザーとは違い、LINEで記事を配信する際は、明確なニーズのないユーザーへ情報を提供することを踏まえて、料理そのものにより関心を持ってもらえるよう工夫を重ねています。

　特に気を遣うのが、料理のおいしさを効果的に表現するための"シズル感"です。ユーザーの「食べたい！」「作ってみたい！」という気持ちを刺激するべく、「あまじょっぱい」「とろ〜り」などの言葉を効果的にちりばめていきます。
「（LINEで表示できる）13文字という短い文字数の見出しに、いかに、いろんな要素を詰め込むか日々悩んでいます（笑）」

　毎日お昼時に配信しているため、天気や気温は特に気にするそうです。
「2020年は梅雨が長くてなかなか気温が上がらず……6月の配信記事のセレクトが難しかったですね。梅雨明けせずとも少しずつ暑くなってくるだろうと予測して、冷やし中華を『6月から紹介していこう』と思って準備していたら、梅雨寒が続いてしまって、読者さんは冷たい麺はまだ作るモチベーションが上がらなかったり、秋は秋で編集部としては『10月から鍋を取り上げたいなあ』と思っても、まだ早すぎたり」

　プッシュ型で"受け身"の状況で知るレシピには、雑誌の特集のような実用情報とは違う役割があるといいます。
「フローな情報として流れていくのが前提です。だから、発信するのが早すぎたかなと思った注目のトレンド料理があった場合は、いいテーマであれば訴求や紹介するレシピを変え何度か配信して読者さんの目に止めてもらえる

ようにしています」

▌「前向きな一方通行」

　企業のSNSアカウントには、「中の人」が有名になるケースも少なくありません。が、「クックパッドニュース」全体を取り仕切る福井さんは「うちに『中の人』はいません」と言い切ります。

「主役はあくまでもクックパッドのレシピを投稿してくださっているユーザーさんや、クックパッドニュースの記事を読んで実際に料理を作ってくださる読者さんたちである、という考え方が基本にあります。主役の皆さんにそれぞれの料理の楽しさと出会っていただきたいので、編集部が前面に立って特定の楽しさを押し付けるようなことはしたくないと思っているんです」

　その一方で、守っているスタンスはあるそうです。福井さんはそれを「前向きな一方通行」と呼びます。

「親近感があって、少し世話焼き。SNSではそんなトーンで『こんな時にはこんなレシピはいかがですか？』と1つひとつの記事をおすすめしています。その時々、人それぞれで、その情報が必要だったり不要だったりすると思いますが、もちろんそれも承知の上で前向きに情報を発信し続けています（笑）。

　約337万品のレシピ、そのものが持つコンテンツとしての価値を、私たちが介在することでバイアスをかけてしまうことのないよう、あくまでもフラットなスタンスで真摯にお届けすることに徹しています」

　サービス単体としてすでに大きな存在感を持っているクックパッド。そのオウンドメディアである「クックパッドニュース」は、他の多くのオウンドメディアと異なり、本体への送客は目指していません。

「PVだけを重視するなら、最も需要の高いレシピを紹介する記事、つまり実用情報の配信に

植木優帆（うえき・ゆうほ）さん
「LINEユーザーの多くは、忙しくて毎日の料理に時間がかけられない方」と分析。

徹した方が取れるかもしれません。でも、課題を解決するだけだとマイナスを埋めることで終わってしまい、プラスの楽しみが生まれません。

　だから、純粋に料理というアクティビティが持つ楽しさを伝える情報も大切にしたい。

　料理をする時に得られるマインドフルネスや、大切な人と一緒に食卓を囲む時間の豊かさなど、料理が持つ根源的なパワーに気づいてもらえるようなインタビュー記事や、時には『疲れた日は外食でもいいじゃない』と語りかけるコラム記事とか。ちょっと立ち止まって、改めて料理ってやっぱりいいよなぁと思える、そんな瞬間やきっかけを届けていきたいです」

 「クックパッドニュース」の教え

● 伝えたいことばかりのメディアはうまくいかない
● 主役はユーザー、「中の人」はいない
● フラットなスタンスを生む「前向きな一方通行」

14

クライアント・読者両視点の広告記事制作

NewsPicks Brand Design

媒体概要 https://newspicks.com/ ｜運営会社：株式会社ニューズピックス｜設立：
2015年｜収益モデル：サブスクリプション型と広告収入

オリジナル記事と見せ方は同じ

「経済情報で、世界を変える」をミッションに掲げるユーザベースが2013
年に立ち上げたNewsPicksは、約470万人の無料会員と約15万人の有料会
員を抱えるソーシャル経済メディアです。月額課金とともに、売り上げの両
輪である広告部門の大きな柱が、スポンサードコンテンツ。検索履歴などに
連動した運用型広告とは違い、有料会員向けに編集部が作るオリジナル記事
と同じような見せ方で、広告主のメッセージや商品の魅力などを届けていま
す。

　広告であることは明記しながらも、NewsPicksでの体験を阻害する「脈
絡のない広告」は防ぐ。この姿勢は、専従でスポンサードコンテンツを制作
するBrand Design Team（BDT）ができた2015年から一貫しています。

Newspicksのスポンサードコンテンツ「NewsPicks
Brand Design」。サムネイルや記事の見せ方は編集部
が制作する記事と同じようにしている。上記バナー
のように求人などのために、自社が出広することも。

　川口さんをはじめ、出版社や
Webメディア出身の編集者が多く
集まるBDTは、さながら「もう1つ
の編集部」といった様相です。約
60人が在籍するチームには営業や
エンジニアたちも混ざり、編集者の
川口さんが、企業へのセールスに加
わることも。「営業が取ってきた案
件を『作るだけ』にとどまらず、提
案にもレポーティングにもクリエイ

川口あいさん
小学館クリエイティブ、ハフポスト日本版パートナースタジオ チーフ・クリエイティブ・ディレクター等を経て現職。スポンサードコンテンツ制作、メディアビジネス領域などに従事した後、現在はNewsPicks Studiosでスポンサードコンテンツの制作／プロデュースを担当。

ティブの視点から関わっています」

▍読者を意識したコンテンツに

　見せ方はもちろん、コメント欄も設置されているので、広告記事でもオリジナル記事と同じ評価にさらされます。だからこそ、川口さんをはじめチームが大切にしているのは、ユーザーを意識したコンテンツであることです。「BDTでは『信じられる、広告を。』をミッションに、どうしたら広告主のメッセージがしっかり伝わるか、読者に興味をもってもらえるかを考えてコンテンツを制作しています。単なる宣伝ではなく、『読者に発見と理解を提供する』というNewsPicksのサービス理念に基づき届けるからこそ、コンテンツ型の広告としての価値があると考えます」

　その実現に必要なのが、「メディアとしての第三者視点」だといいます。グローバルなテーマや最先端のテクノロジーから、個人の働き方やキャリアまで、伝統的な経済メディアの枠組みに縛られない特集を数多く手がけてきたNewsPicks。広告主となるクライアントの思いに寄り添いつつも、こうしたメディアの世界観に落とし込んでユーザーへ発信します。

　これは、スポンサードコンテンツの役割が、「商品の直接的な購買を促すよりも、読者への認知と理解を目指すもの」(川口さん)であり、コメントや記事のシェアといったエンゲージメントを重視しているからです。

ライターの「読者視点」に感謝

　記事制作にあたっては、こうした点をクライアントにも説明しながら作り上げていきます。打ち合わせの初めでは、「しっかりと伝わるのか」といった反応もあるそうですが、「NewsPicksの読者にクライアントのメッセージが届くよう企画していることを丁寧に、粘り強く訴えます」と川口さん。

　コメントやPick数などで反響が可視化され、当初の実施目的に沿った結果を得られると契約が継続することもあり、そうした時にやりがいを感じるといいます。

　一方、取材を依頼するライターの「読者視点」に助けられるそうです。「気をつけてはいますが、コミュニケーションを続けていく中で、クライアントや商品の視点に傾きすぎてしまうこともあります。その時に『読者としてはここが面白い』というような指摘をくれたり、クライアントが強く訴求したいポイントに対し、読者に共感してもらうための切り口や文脈を一緒に練ってくれたりするライターさんはありがたいですね」

　編集者として、普段の生活で心がけているのは、「多様なコンテンツに触れること」という川口さん。
「仕事柄、ビジネス書や経済ニュースを読むことが多いので、視点が偏らないようにいろんなジャンルの情報を摂取するようにしています。また、新たなマネタイズのアイデアにつなげられるように、テキスト記事だけではなくイベントや動画、コミュニティ関連など、さまざまな手法のコンテンツに触れることも心がけています」

　川口さん自身が記事を執筆することもあり、ライターとしての活動も編集者の仕事に生かされていると振り返ります。

イベントも動画も雑誌も

　BDTが表現するコンテンツはWebの記事だけではありません。2019年は国際女性デーをきっかけに、多様な人々の幸せな働き方を応援するプロジェクト「カラフルキャリア」をイベント運営するチームなどと実施。動画コンテンツを手がけるNewsPicks Studiosと連携して、番組の内容をテキスト

として伝えることもしています。

　さらに2020年4月にはBDTとして2冊目となる、ブランドマガジン（『NewsPicks Brand Magazine』）を刊行。「これからのはたらき方・生き方」をテーマに、川口さんが編集の責任者を務めた。これも、クライアントとして付き合いのあった人材サービス大手・パーソルグルー

表紙イラストを漫画家の安野モヨコさんが書き下ろした『NewsPicks Brand Magazine Vol.2』

プからの相談から生まれたものでした。

「『働き方改革』で制度ばかりが整っても、自分たちの『生き方』やマインドが変わらなければ、肝心の制度も機能しないという問題意識がスタートでした。そこで、さまざまな分野で自分らしく働いて生きる人たちの姿を伝えることで、読者の価値観を変えるきっかけを作りたいという目的のもと、制作が始まりました。

　ひとつの箱のなかに多様な視点を入れ込むには、雑誌という手法はぴったりでした」

　ブランドマガジンでは、『働きマン』などで有名な漫画家・安野モヨコさんへのインタビューや、「Well-Being（よりよく生きるとは）」をテーマに活動をする予防医学研究者の石川善樹さんに「時間」の考え方について尋ねたり、社会学者の上野千鶴子さんが「なぜ社会に多様性が必要なのか」を語ったりしています。

「コンセプト決めを含めて3カ月ほどの制作期間だったのですが、パーソルさんと『多様な働き方と生き方を応援する』という理念をしっかり共有しながら制作が進められ、納得できる1冊となりました」

　一方、NewsPicksのオリジナル記事を制作する編集部とは接点がないといいます。

「記事の見せ方などの知見を共有する部分はありますが、編集部がどういった取材をしているのかは全く分かりませんし、連動することもありません。ビジネス部門だけでもユーザーとつながるチャンネルはたくさんあるので、編集権は独立しています」

出版社での経験が今に

川口さんにとって、企業からのスポンサードを受けてコンテンツを作る原体験は、新卒で入社した出版社で大手IP会社が出資した漫画雑誌編集の経験でした。「ゼロから好きに作るのではなく、こうした条件があるなか、漫画としても読まれる作品にするにはどうすべきかを試行錯誤したのはいい経験です」と川口さん。持論にしている「限定された条件下でこそクリエイティビティは発揮される」という考えは、スポンサードコンテンツを作る上でも息づいています。

「クライアントの要望だけを聞いていては、読者を向いたコンテンツにならない。かといって、読者に支持されるからと、クライアントの狙いや課題解決にならなければ本末転倒です。この両立をどうしたらできるかを考えることから、私たちの仕事は始まる気がしています」

PVに代わる独自指標を

BDTは2020年5月、クライアントに提出するスポンサードコンテンツの実施レポートに「感情分析レポート」を拡充すると発表しました。レポーティングはPVやUU、Pick数などで、制作・配信したコンテンツの反響や効果を測るものですが、記事につけられているコメントも新たに対象としました。

有識者から一般ユーザーまで会員が実名で投稿するコメントは、ニュースを多角的に知ることができるNewsPicksの代表的な機能です。新レポートでは、コメントを感情面からデータ分析・可視化してマッピング。コメントしたユーザーの影響力なども加味して、「議論型」や「賛同型」など6パターンに記事の傾向を分類しています。

PVやUUなどに代わる「媒体独自の指標」を作ることは、川口さんがずっと考え続けていたことでした。

PVは指標としてわかりやすい一方、「じっくり読んだ記事」も「反射的に開いた記事」も、同じ1PVとしてカウントされます。

「価値としては違うはずなのに、数字上は同じに見えてしまう。結果、PVの多い少ないが大きな尺度になってしまい、そこに過当な競争が生まれるの

は健全ではないなと思うんです」

読了率や滞在時間など、1PVの価値を測る指標はありますが、「読者の共感や理解、エンゲージメントを大事にするスポンサードコンテンツだからこそ必要とされるような指標があってもいい」と感じていた川口さん。

2019年、NewsPicksに転職した時に着目したのがコメント機能でした。

「NewsPicks Brand Design」では「感情分析レポート」を拡充。データをパターン化してマッピングしているので、非常に見やすい。

「クライアントも記事にどういうコメントがつくのか注目しています。この部分をある種の定量的な見せ方で提示できれば、独自の指標になるのではと、テックチームと半年以上試行錯誤して作り上げました」

スポンサードコンテンツ1本1本の編集にとどまらず、イベントの企画や雑誌の制作、指標の策定など、メディアビジネスの様々な領域に関わっている川口さん。根底にあるのが「Webメディアが持続的に運営されるよう、良いコンテンツが正しく評価される地盤をビジネス側から作りたい」という思いです。

「玉石混交の世界ですが、誰かの心を揺さぶったり、気づきを与えてくれたりするような記事を生み出す書き手はたくさんいます。そうした人たちやメディアがしっかりと生き残っていけるような答えを、これからも模索していきたいです」

 「NewsPicks Brand Design」の教え

- ●編集者として、多様なコンテンツに触れることを心がける
- ●限定された条件下でこそ、クリエイティビティは発揮される
- ●Webメディアが持続的に運営されるよう、記事編集の枠を超えて関わる

15

ファンが推したいコンテンツを作る

CHOCOLATE Inc.

会社概要 https://chocolate-inc.com/ ｜ 会社名：CHOCOLATE Inc. ｜ 設立：2017年 ｜
収益モデル：企画制作など

多様な出自をもつクリエイターが"越境"

　映像を中心に、驚きのある企画で若者からの支持を集めるコンテンツスタジオ「CHOCOLATE Inc.（以下、チョコレイト）」。携わるのは、CMやミュージックビデオ、映画といった映像から、漫画、カプセルトイ、雑貨、ボードゲーム、展覧会さらには、広告コンテンツや自社のオリジナルコンテンツまで、さまざまなエンターテインメントを世に送り出しています。

「チョコレイトには、映像作家、TVディレクター、脚本家、ライター、漫画編集者、デザイナー、YouTuber、広告プランナーなど異なる分野に出自を持つ若手プランナーが集まっています。それぞれが互いに"越境"しあいながら、日々新しい企画の可能性を探っているのが特徴です」（冨永敬さん）

　冨永さん、外川敬太さんは、ともに広告会社出身。CMやイベント、Web広告、屋外広告、商品開発などのプロモーションを手がけてきた広告プランナーでした。

　チョコレイトではプランナーとして広告コンテンツ、自社コンテンツの企画・制作に携わると同時に、冨永さんはメディアアーティスト、外川さんは漫画編集者としての顔も持っています。

　チョコレイトはほとんどの広告案件で、コンテンツの企画から納品まですべての過程を担当しています。「この商品を売りたい」「このサービスを多くの人に知らせたい」といったクライアントの課題を解決するために企画を立て、必要に応じて外部のクリエイターやパートナー企業とタッグを組みながら、制作・リリースしています。

「CHOCOLATE Inc.」冨永敬さん・外川敬太さんの「企画作り」の極意

☐ 「お題」はまずサイズダウンさせる
☐ 一次情報に触れ、当事者のリアルを知っておく
☐ 企画の「熱量」を逃さず、ファンの「推したい」につなげる

冨永敬さん
（とみなが・けい）

広告のプランナーとして10年間、話題作り、行列作りに没頭。アクティベーションを中心に、CM、PR、デジタル、イベントと、多様な手法を武器に企画、実現する越境系プランナー。2015年より、メディアアーティストとしても活動。

企画のスタートは「お題」のサイズダウンから

主にクリエイティブディレクターとして企画・制作に関わる冨永さんと外川さん。企画作りの際、お二人がまず取り組むのは、目の前にある課題を「絞り込む」こと。

「『商品の売上アップ』『サービスの認知拡大』といった広すぎるお題だと、答えにたどり着くのが難しい。僕は、初めにお題を自分の考えるサイズに分解します。ま

外川敬太（とがわ・けいた）さん
2012年博報堂に入社。統合プロモーションプランナーとして活動した後、2019年独立。2018年からは、小学館『ゲッサン（月刊少年サンデー）』にて、漫画編集としても次世代の漫画作りに邁進中。現在の担当作品は、『からかい上手の元高木さん』、『100日後に死ぬワニ』など。

ず、クライアントの課題を解決する"ありふれたアイデア"を導き出し、次にそこからどうズラせば、新しいアイデアになるのかを考えるのです」（冨永さん）

ブシロードクリエイティブから「オリジナルカプセルトイを企画してほしい」という依頼があった際は、「カプセルトイユーザーがネット上で拡散したくなる企画とは何か」を追究し、お題を「ツッコミを入れたくなる漫画のあるあるネタは？」にサイズダウン。その結果、「奇跡の弾丸」という商品が生まれました。

外川さんもまた、「最初に『お題』をそぎ落とす作業」をするといいます。

クライアントの掲げる「ターゲット」や「商品の訴求ポイント」を読み解き、真の要望を探り当てていくのです。

「オリエンシートに書かれた言葉だけでは、クライアントの抱える課題を本当に理解することは難しい。ある商品を売りたいならば商品開発の人にエピソードや思いを問う、ミュージックビデオを作るならアーティスト本人に意見を求めるなど、できるだけ当事者のリアルな話が聞けるよう、クライアントにお願いすることにしています」（外川さん）

人気声優が身近にある「アレ」にアテレコをする自社のYouTubeチャンネルで、自動車メーカーのスポンサード動画を企画した際も、各車種のプロモーション担当者にヒアリングを行いました。

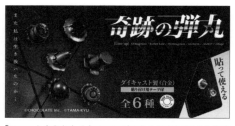
「ツッコミを入れたくなるマンガのあるあるネタ」から生まれたカプセルトイ「奇跡の弾丸」

「車のプロモーションをする場合、スペックやデザイン、新しい技術など、伝えたいことはたくさんあります。それらにも自然なかたちで触れはしますが、魅力を伝えたいなら、開発担当者の『ここがかっこいいんです』という言葉をもとに車のキャラクターを造形するほうが、伝わる企画になると思うんですよ」（外川さん）

一次情報に触れ、当事者のリアルを知る

冨永さんは、普段からインターネットで気になった情報を、ブックマークツール「Pinterest」へ保存。外川さんは、主な情報ツールとして、RSSリーダー「Feedly」を活用しています。日頃からの情報収集が企画を形作り、収集した情報がその人のオリジナリティを生み出すと考えるからです。

お二人がチョコレイトならではの財産だというのが、社内Slackの「#tarenagashi（垂れ流し）」というチャンネルです。

「これは、チョコレイトのメンバーたちが面白いと思ったネタをただ投下していくだけのチャンネルです。年齢も嗜好も活動するジャンルも異なるメンバーたちのアンテナに引っかかった情報が日々流れてくるので、自分では発見できないものに出合えるんです」（冨永さん）

人の話を聞くなど、一次情報に触れることも欠かせないというお二人。近年、外川さんは、月に一度は新しい場所で何かを体験することを重視しています。

　きっかけは数年前、「アイドルにハマってみよう」と、当時人気のあった「でんぱ組.inc」の全国ツアーが行われたすべての会場へ足を運んだことでした。「現場では、チケットやグッズを買って参加するファンの人たちの顔や声、ふるまいから、その熱量、どんな曲でどのように盛り上がるのかまで、すべてリアルに体感できた。ネット越しに見ているだけではわからない、たくさんの発見があったんです。チョコレイトのメンバーで超人気アニメの劇場版の先行上映会に行った際も、9割が女性客だったことに驚きました」（外川さん）

　"現場"のリアルな感覚を知っておくと、そのファンに向けた企画を立てる際、「面白いけど、ファンには刺さらない」といった温度感がつかめるようになったそうです。そして、その感覚をうまく企画に組み込めれば、ファンの共感を得られることを実感するようになりました。

企画の熱量がファンの「推したい」につながる

　多様な価値観を掛け合わせ、新しくより良いアイデアにつなげていくというチョコレイトの哲学は、さまざまな場面で見られます。その一例が、チーム作り。

「一緒に仕事をしている期間が長くなってくると、どうしても制作メンバーが固定化しがち。新しい風を吹かせるために、社内でオファーする際でも、パートナー企業と協業する際でも、必ず新しい人を入れるようにしています」（冨永さん）

　企画をクライアントにプレゼンする前には、社内メンバーでの打ち合わせが必ず行われます。プロジェクトの参加者が企画を持ちより、各自発表。それぞれの企画をブラッシュアップさせつつ、クライアントへ提案する案を選んでいきます。

　お二人は、クライアントのOKを得て企画を形にするフェーズでも、さらに企画を改善し続けると説明します。その上で外川さんは「企画の不確定要素は、意図的に残しておく」とまでいいます。

冨永さんが企画を担当した、ミツカンの鍋つゆ「こなべっち®」のプロジェクトも、当初はお笑い芸人さんの持ちネタであるキャラクターをモチーフにした企画を検討していました。

「ただ、制作過程でその方のファンについて深く知ったり、また制作段階で加わっていく新しいメンバーの客観的な意見を聞いたりするうちに、『ファンが求めているのはこの方向ではないのでは？』と思うようになって。そこで、ラジオリスナーから愛される素の魅力を表現する方向にシフトしたんです」（冨永さん）

　結果、柔軟性の高い企画が成立し、お笑い芸人さんのノリも良かったことで、ファンに届いた手応えを感じたそうです。

「タレントさんも人間ですから、ご本人がやりたいと思える企画の方が、熱量があると思うんです。熱量は今、企画を届ける上でとても大事なポイント。それがコアなファンに届いて、拡散されていくわけですから」（冨永さん）

「ファンは、自分の好きな対象をもっともよくウォッチしている人々です。SNSなどでタレントが生の声を発言したり、ネットニュースなどで情報を比較したりできるようになったからこそ、ファンたちの目が肥えてきました。だからこそ、妥協や嘘、裏事情などはすぐにバレてしまいます」（外川さん）

　冨永さんは、「推す」という言葉が定着した頃から、好きなものを広め、魅力に気づいてもらう行為がポジティブな意味を持つようになったと分析します。それは「布教する」「沼にはまる」といった言い回しにも表れているといえるでしょう。

自分のスキルを俯瞰して、応用先を考える

　ともに広告会社でキャリアを積み、大企業のプロモーションを成功させたり、国内外の広告賞を獲得してきたりと活躍していた冨永さんと外川さん。なぜ、コンテンツスタジオで新たな編集の道にチャレンジしたのでしょうか。

　現在、『ゲッサン（月刊少年サンデー）』（小学館）で漫画編集者としても活動する外川さんは、「前職を離れたのは、昔から好きだった漫画や音楽の現場により近い場所でエンターテインメントを作りたかったから」と即答しました。

「クライアントのために制作をして、キャンペーン期間が終わったら消えて

しまう広告は、一体だれに届いているのか、という疑問を抱いていました。案件が成功しても、なぜかむなしくて」（外川さん）

　一方、広告業界から飛び出し、新しい刺激を求めたくなったと語る冨永さん。新たなフィールドで自分らしい武器を得られるのではと、チョコレイトに参画しました。

「広告の仕事をする中で、0から何かを生み出すことは、自分の得意領域じゃないと考えてきました。でもある日、気づいたんです。僕は、お題の中で自由に発想することはできる。それならば、自らお題を設定することでオリジナルのコンテンツも作れるのではないか、と。自分の広告プランニング能力の応用力を信じてみたかったんです」（冨永さん）

　スキルの応用という意味では、ライターや編集者も応用力の高い職種に見えるとお二人は口をそろえます。

「仕事をともにするライターの取材力にはいつも驚かされますね。さらに、取材によって発揮される『紐解く力』と『見つける力』も。ライターとは、取材で得た情報を整理して発信する仕事と考えると、広告プランナーよりも能力の応用先は多い気がします」（外川さん）

「編集とは、数多くの情報から必要なものだけを抽出する能力。つまり、わかりにくいものが存在する場所には必ず編集のニーズがある。企業や地方自治体、政治というフィールドにもニーズはあるのではないでしょうか」（冨永さん）

 まとめ　「CHOCOLATE Inc.」冨永敬・外川敬太さんの教え

● 多様な出自の人の多様な意味を大切に
● "現場"のリアルな感覚をもとに企画を作る
● 情報の抽出と整理を丁寧に行う

16

弁護士ドットコムニュース

媒体概要 https://www.bengo4.com/topics/ ｜ 運営会社：弁護士ドットコム株式会社 ｜ 設立：2012年｜収益モデル：宣伝施策としての「オウンドメディアモデル」｜人員構成：9名（編集部）｜売上・PV等：1250万PV／月（2021年1月）

オウンドメディアが"報道"の付加価値を得るまで

「弁護士ドットコム」は、弁護士への無料相談や弁護士検索など、法律トラブルの解決をサポートするサービス。そのオウンドメディアとして、2012年にスタートしたのが、「弁護士ドットコムニュース」です。

時事問題から身近なトラブルまでさまざまな社会問題を法的視点から切り取った記事は、Yahoo!ニュースやSmartNewsなどへ配信されています。オウンドメディアであり、報道メディアである。その両立はいかにして保たれているのでしょうか。

「当初は、現在とイメージの異なるメディアだった」と編集長の新志有裕さんは話します。

「弁護士ドットコムニュース」のホームページ。タイトルにも法律関連の言葉が並ぶ。

「開始当初のコンセプトは、『社会で起きているニュースを弁護士がわかりやすく解説する』。新聞やテレビ、ネットで話題のニュースに、法的観点から解説コメントを加えて記事化していました。いわゆる"二次情報"のみを配信している媒体

「報道メディア」と「オウンドメディア」を両立する

☐ メディアを続けるうちに、“一次情報”に近いニュースを発信できるように
☐ 1人の編集部員がネタ探しからSNS投稿まで記事作りの全工程を担う
☐ 報道未経験者でも入社後に取材・編集スキルを修得

新志有裕編集長
西日本新聞の記者、マーケティング・リサーチ会社の研究員を経て、
2014年入社。2016年4月より「弁護士ドットコムニュース」編集長
へ就任。

だったんです」（新志さん）

　背景には、低コストで認知度向上を行わなければならないオウンドメディアならではの事情がありました。

「弁護士による解説記事は、基本的にメール取材がベースです。弁護士から届いたコメントを編集部員が加工して記事を作るため、比較的コストをかけずに多くの記事を制作できました。前編集長の時代には、記事数は月100本ほどです」（新志さん）

　Yahoo! ニュースへの配信が始まったのも手伝って、徐々に認知度が向上。と同時に2014年頃からは、直接取材による深度のある記事を扱い始め、PVを増やしていきました。

　裁判を起こした当事者に話を聞いたり、弁護士により詳細な解説をしてもらったりすることで、ニュースを法という視点で見るだけでなく、新しい価値を生もうとしたのです。

「また、メディアを続けるうちに築かれた弁護士などとのネットワーク、読者からの情報提供などからネタを得て、裁判や記者会見の現場へ取材におもむき、“一次情報”に近いニュースを発信できるようにもなりました」（新志さん）

　このように、弁護士ドットコムニュースは、オウンドメディアでありながら報道メディアとしての地位を確立するまでに成長しました。現在、弁護士による解説記事と独自取材のニュースは、1:1のボリュームで更新されているそうです。

すべての編集部員が企画からSNS投稿までを担当

　メディアで扱う記事の幅が広がれば、制作の仕事内容、そして編集部員に求められるスキルにも変化が現れます。

　弁護士による解説記事だけを配信していた時期、編集部では記事の制作フローをいくつかに分割していました。「企画」「弁護士へのコメント依頼」「届いたコメントの加工」など、1人ひとりの業務を細かく限定し、完全分業制にすることで、効率的に記事のクオリティを担保していたのです。

　しかし現在は、1人の編集部員が記事作りの全工程を担う体制に切り替えました。執筆や撮影を外部パートナーへ依頼するケースはあるものの、ネタ探しからアポ入れ、取材、執筆、編集、写真の撮影、入稿、SNS投稿まで、すべての業務をこなすスキルが求められます。

　「編集の工程を一任するのは、1人ひとりの自律的な行動を促す意味もあります」と新志さん。記事を1人で担当することで当事者意識を持って取り組むことができ、また読者へきちんと届く記事を作るためにどんな工夫が必要なのか、全工程を見通しつつ考えられるからです。

　「一通りのスキルを身につけた編集部員がそろえば、ある時は大きな裁判の取材記事を同時並行で作ったり、ある時は解説記事を量産したりと、読者のニーズにあわせて柔軟に対応することが可能になります。ネットの世界でチャンスをものにするには、ある程度のスピードで時流に乗ることも必要ですから」（新志さん）

編集部にはメディア出身者7人、法律系の人材2人

　現在、編集部には9人が所属しています。既存メディアからのキャリアチェンジ組には、『西日本新聞』出身の新志さんのような地方新聞社出身者が目立つのが特徴です。なかには『東京スポーツ』の元社会面担当者もいます。

　副編集長をつとめる山口紗貴子さんは、新潮社の出身。『週刊新潮』編集部などに所属していました。出産でライフスタイルが変化したのを機に転職を考え、デジタルメディア、かつ子育てをしながら記者を続ける環境を求めて、2015年に弁護士ドットコムニュースへ。

「場所や時間の制約がないため、慣れるのに時間がかかりました。例えば、編集作業。紙メディアであれば校了や責了という作業がありますが、ネットメディアにはありません。リアルタイムで数字や読者からの反応がわかるので、記事を掲載したあとでも、修正が必要であれば直し、数字が悪ければ異なる見出し（タ

山口紗貴子（やまぐち・さきこ）副編集長
「紙とデジタルの仕事は全く違っていた」と、入社当初のころを回想していた。

イトル）につけ替える作業が延々と続きます」（山口さん）

　弁護士ドットコムニュース編集部では、記事作りにGoogleドキュメントを活用しています。社外で取材してその場で原稿を書き、すぐに編集部でチェックをして公開できる。こうした紙メディアにはないスピード感にも驚いたと山口さんは話します。

　編集部には、メディア以外の経歴を持つ編集部員も所属しています。ロースクール（法科大学院）卒業後に入った法律出版社からの転職組、大学院の法学研究科で学ぶ社会人大学院生と、法律系のバックグラウンドを持っている人たちです。

「専門性が高い報道メディアという特性上、法律の専門知識を使いこなせて、なおかつわかりやすく伝えたり、現場取材ができたりする人材が理想的だとは思います。ただ、それらを兼ね備えた人はほとんどいませんし、編集者に専門知識をつけさせるのにも限界があります」（新志さん）

　そこで弁護士ドットコムニュースはここ2〜3年、従来と異なる条件での採用をスタートさせました。法律的な知識を体系的に持っている報道・編集未経験者を募集し、入社後に取材・編集といったスキルを身につけてもらうことにしたのです。

「ただ、専門分野の知識のある人はそもそも編集や報道に興味を持たないので、人材確保には苦戦しました。転職エージェントでスカウトメールをたくさん送って、ようやく採用に至り、いま頑張ってもらっています」（新志さん）

読者との距離の近さがヒット記事を生んだ

　弁護士ドットコムニュースの特徴は、法律という専門性の高い分野の記事を読者に伝わる形で仕上げること。専門分野において意味のある報道を、わかりやすい言葉で、しかも楽しめる形で一般読者に届けることは、容易ではありません。

「企画を採用するかどうかは、社会性や公共性、新規性の有無、さらに読者が面白く読めるかどうかといった一般的な判断軸でジャッジしています。ただテーマがテーマだけに、専門コンテンツ以上の企画を出すこと自体が難しい。オウンドメディアの枠、法律の枠にとらわれず、企画を作れるかどうかが肝になります」（新志さん）

　もう1つ、企画作りに大切な視点が「自分の企画がどんな金銭的な価値を会社にもたらすのか」ということ。新志さんは、「メディア運営のどこでお金が発生し、どう流れて自分の報酬につながっているのか、考えている編集者やライターは意外と少ないのではないか」と指摘します。

「何がメディアの収益になっていて、どうしたらそれを伸ばせるかを考え、報道に生かしていく視点も必要なのではないでしょうか。ひいてはそれが自分の存在意義であり、メディアを成長させる一因にもなるのですから」（新志さん）

　専門性の高い情報を一般読者に届ける難しさは、メディアを運営する際にも生じます。専門知識のない読者は、誤読をする可能性が高いからです。弁護士ドットコムニュースでは社会問題を扱っているため、よりトラブルにつながりやすいという側面もあります。

「読者との距離の取り方については、もっとも難しいと感じる点です。無料のWebメディアは良くも悪くもさまざまな読者層に開かれています。初めて読む人もいるでしょうし、そもそも媒体名を気にしている読者が少ないことも特徴です。他方、紙メディアの読者は、お金を払ってまで読みたいと思ってくれる人たち。媒体のテイストをわかっている人がほとんどでしょうし、作る側も読者像を理解している。記事の内容を誤読されることはあまりないという印象でした」（山口さん）

　専門家がコメントを寄せていることもあり、記事の炎上には配慮を重ねて

います。それでも、思わぬところで思わぬ抗議が起こることも。

「組織の力では大手メディアに負けます。でも、聞こえのいいことばかり書いていても報道する意味がない。だからといって、既存メディアのように炎上や抗議に対応するだけのノウハウも体力もない。すごく重要な課題ですね」（山口さん）

　ただ、そうした読者との距離の近さが弁護士ドットコムニュースを育て上げてきたのもまた事実。新志さんは「とはいえ、基本的に読者の反応は、記事を作るうえでの大きなヒントになります」と続けます。

「私は炎上や掲示板のネガティブな意見も、読者の反応が見えるという意味では、一定の意義があると思って見ているんですよ」（新志さん）

　弁護士ドットコムニュースにとって転機となったのは、2019年2月に公開したコンビニの24時間営業問題を扱った記事でした。これをきっかけに、読者との距離の近さをいかした記事が増えました。

「最初に出した記事に対して、弁護士ドットコムニュースのLINEアカウントに読者登録をしていたコンビニオーナーから『うちのコンビニではこんなことが起きている』という情報提供があったんです。これまで記事に対する感想はあっても、問題の当事者の意見が届いたのはそれが初めてでした」（新志さん）

　弁護士ドットコムニュースでは、さっそくメッセージの差し出し人のコン

「セブンオーナー『過労死寸前』で時短営業…『契約解除』『1700万円支払い』迫られる」は大きな反響を呼んだ。

ビニオーナーを取材。当事者の肉声を報じたニュースは反響を呼び、ほかの
メディアが後追いで取材を行うなど、大きな広がりを見せていきました。

■ 事業に貢献しつつも、暴れていきたい

　報道という分野でも読者にリーチする弁護士ドットコムニュース。事業会
社がオウンドメディアとして報道媒体を運営することに、どんな意義がある
のでしょうか。

　「1つ目の価値は、コーポレート広報になること。『弁護士ドットコム』と
いう名前を広く知ってもらうことは、サービスの利用だけでなく、採用時の
人材確保にも役立ちます。2つ目は、弁護士業界の中での信頼度を上げるこ
と。サービスとは別に公共性のあるニュース媒体を持つことは、社会への貢
献度を示すことができます」（新志さん）

　そして3つ目の価値は広告収益。ただし法律という専門分野ゆえに、PVに
依存した広告による収益だけで編集部を回すのは困難だといいます。

　「本来ならば、自分たちの食いぶちぐらいは自分たちで稼ぎたい。でも、
PVだけに依存する広告モデルには限界がある。今後はオウンドメディアと
いう側面を生かし、自社のサービスへの流入につなげるべきだと考えていま
す。それが金銭的な価値を生んでいることをきちんと実感できるような評価
システムも作りたいですね」（新志さん）

　同社では、一般ユーザー向けサイトのほかに弁護士向けのサイトも運営し
ています。弁護士向けサイトでは、実務に役立つオンラインセミナーなどの
有料コンテンツがありますが、まだまだ十分に広報できていないのが実情の
ようです。

　「2020年度からは、私が一般ユーザー向けである弁護士ドットコムニュー
スの編集長と、弁護士向けサイトのコンテンツ制作部門の部長を兼任してい
ます。今後は一般向け、弁護士向けの両方とも、サービス広報の役割を強化
できるように、より総合的なメディア運営をしていきます」（新志さん）

　もちろん報道メディアとしての成長も目指しています。より信頼度が高く、
4年後、5年後になっても価値のある記事をもっと増やしたい。「そして同時に」
と、新志さんは"編集者"らしい胸の内も明かしてくれました。「矛盾して
いるかもしれないのですが……暴れたいんです。事業への貢献は大切だけれ

ど、そればかりだとメディアはつまらなくなる。『こんなことやって何になるんだ』といわれてもやるべき企画はやっていきたいし、ひと暴れしたいという心を持っている編集部員は大事にしたいんですよね」（新志さん）

まとめ 「弁護士ドットコムニュース」の教え

- 個々で制作の全工程を担当することが柔軟な運営につながる
- メディアのビジネスモデルも視野に入れて企画を立てる
- メディアの意義を収益のみに絞らない

17

ユーザーと価値観を共有するECサイト

北欧、暮らしの道具店

媒体概要 https://hokuohkurashi.com/ ｜運営会社：株式会社クラシコム｜設立：2006年｜収益モデル：商品販売を行う「ECサイトモデル」、スポンサードコンテンツなどの「広告販売モデル」｜売上・PV等：アクティブユーザー200万人／月

お客さまは「私たちみたいな誰か」

2007年、北欧のヴィンテージ雑貨を販売する店としてスタートした「北欧、暮らしの道具店」。暮らし周りの道具やインテリア雑貨、オリジナルのファッションアイテムを扱うECサイトです。それに加えて、読みものやラジオ、動画など、さまざまなコンテンツを持つメディアでもあります。

その特徴は、リピーター率の高さ。ユーザーアンケートでは、週1回以上はサイトに訪れるリピーターが全体の96%。しかもそのうち、72%はなんと毎日訪問するという結果が出ています。

「私たちスタッフはお客さまを『私たちみたいな誰か』だと考えています」と説明するのは、編集スタッフの寿山さんです。

「商品やコンテンツを通して、お客さまの暮らしを居心地のよいものにするお手伝いがしたいと考えています。日々の暮らしでモヤモヤを抱えていると

「北欧、暮らしの道具店」のホームページ。落ち着いた雰囲気で統一されている。

き、ある現実に直面して足が止まってしまったとき。少しの希望が持てたり、気持ちが明るくなったりするような新しいきっかけをお客さまと一緒に探したい、と」

現在、編集チームには約20人が所属。数あるコンテンツのうち、チーム全員が関わってい

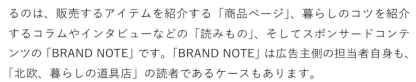

☐ お客さまは「私たちみたいな誰か」と考える
☐ 私たちみたいな誰かが「フィットする暮らし」を作るのを助ける
☐ モヤモヤや違和感に、新しい選択肢やユニークな視点を

編集スタッフ・寿山さん
出版社兼編集プロダクションにて紙媒体の編集に携わったのち、
2016年にクラシコムへ入社。

るのは、販売するアイテムを紹介する「商品ページ」、暮らしのコツを紹介するコラムやインタビューなどの「読みもの」、そしてスポンサードコンテンツの「BRAND NOTE」です。「BRAND NOTE」は広告主側の担当者自身も、「北欧、暮らしの道具店」の読者であるケースもあります。

インターネットラジオや動画も、未経験の編集スタッフが試行錯誤で制作をはじめ、動画は今では専門知識を持つスタッフが中心となって制作しています。

企画の軸となるのは「読者に届けたいメッセージ」

「北欧、暮らしの道具店」らしい記事を作るために、クラシコムが徹底しているのはフラットなコミュニケーションです。「社員同士が日頃から気軽に言葉を交わし合う文化があり、どんな些細なことでも、納得していないのに進められてしまうようなことはありません」と寿山さんは話します。

「同じ空間にいるときはもちろん、離れている時でもSlackやZoomなどを活用し、スタッフみんなが気軽に意見交換するよう心がけています。そうしなければ見逃してしまう些細な違和感こそ、大切にしたいと考えているからです」

日々更新される記事もまた、フラットなコミュニケーションの中で作られます。制作のスタート地点は、月に一度の企画会議。読みもの、スポンサードコンテンツなど各カテゴリの担当者であるディレクターと編集チームのマネージャーが出席し、1カ月のざっくりとした記事編成を決定します。

「私は毎日更新されるコンテンツ全体の編成管理を担当しています。会議で

は、さ来月の1日は暮らしのコンテンツ、2日はレシピコンテンツというように企画の大枠だけを決め、その後それぞれの企画をチーム内で振り分け、詳細を詰めていきます」

寿山さんは、自身が日常生活で感じたこと、考えたことを種として、お客さまが暮らしの中で困っていること、抱えているモヤモヤを想像しながら企画を立てるそうです。

「同じ気持ちを抱える人たちに、何を伝えたいのか。どういった内容で、どんな見せ方をすれば本当に役立つのか。こうした企画の詳細は、担当スタッフとディレクターとで会話、コミュニケーションをしながら決まっていくことが多いですね」

実際のコンテンツ制作作業は、企画から取材、執筆、投稿ツール（WordPress）への書き込み、編集、公開まで。基本的に担当スタッフが1人で全体をまとめます。

商品ページであれば、商品のビジュアルイメージ作りだけでなく、スタイリングや小物の買い出しも業務のうち。寿山さんのようなディレクターは、全体とのバランスで公開日程を調整したり、客観的な視点からアドバイスを通して各企画の担当スタッフに伴走する役割を担うのだと説明します。

丁寧なコミュニケーションと綿密なタイムマネジメント

クラシコムの編集スタッフに課される目標は、あくまでも企画の軸となるメッセージを読者に届けること。商品販売数やPV、読了率などの数字が目標に掲げられることはありませんが、それらの数字を手がかりに日々、各自が「読者に届いたか」を検証しています。

「お客さまを知るために必要な情報は、頻繁に共有されています。例えば、社内ツールであるSlack内に、お客さまからの感想メールが配信されるチャンネル、公式アプリでの反応をまとめたチャンネルなどがあります。ほかにも商品の販売数やGoogleアナリティクスの数字も含め、お客さまのリアクションはすべてのスタッフに公開されているのです」

「私たちみたいな誰か」をターゲットとした企画を立てるためにも、「自分の立てた企画の意図とお客さまのリアクションが合致しているかどうか。これも常に意識しています」と寿山さん。

もう1つ振り返りのヒントとなるのが、スタッフの反応です。クラシコムの社員は8割が、編集チームにいたってはなんと全員が「元お客さま」。編集スタッフは、サイトにアップされたすべてのコンテンツを読者としても読んでおり、その目線で意見を交換しています。

「週次ミーティングや日々の朝会などで、『読者としてこの表現は違和感があった』と意見が出て、スタッフ内で共感を呼び、『どうしたら届いたんだろう』『次はこうしたらいいのでは』といった振り返りが始まることは珍しくありません」

　こうした丁寧な社内コミュニケーションが重んじられる一方で、クラシコムは「全社員残業なしのワークスタイル」を掲げています。その目標を達成するために必要なのが、個々の綿密なタイムマネジメントです。

「商品ページのベースとなる骨子作りは1日、撮影はこの商品なら1日半など、編集チームでは過去の経験から業務ごとに必要な時間の目安を設定しています。そのため、効率的に時間を使いやすいのです」

　各スタッフは、それに沿って会議や作業内容などの予定をGoogleカレンダーに書き込み、共有。予定外の話し合いをしたいと思ったら、互いに予定を調整し合いながら時間を作ります。

「予定の調整がしやすいのは、制作へ取りかかるスケジュールが早いからでもあります」と寿山さん。流行を追った企画よりも、スタッフたちが本当に読みたい記事をじっくりと作ったほうが読者には響きやすい傾向にあるそうです。

「最低でも公開予定日の2カ月前から企画を動かし始めます。1人の編集者が複数の企画を動かしていますが、1つひとつ企画は公開までのスパンが長いので、各企画が互いに進行を妨げないようにスケジュール調整しながら進めています」

　編集者は一般的に、あらゆる世の中の情報にアンテナを張り、旬のネタを掴むために昼夜逆転するような働き方が珍しくありません。編集者の裁量に任せ、出勤退勤時間を明確に定めていないケースも少なからずあります。

　しかし、「北欧、暮らしの道具店」は全社員残業なしのワークスタイルを守るために、平日昼間のタイムマネジメントを徹底しています。

　これはまさに、クラシコムの掲げる「フィットする暮らし」を自らも実現するための制度。ワーキングマザーである寿山さんのように、保育園のお迎

えの時間がある社員はもちろん、それぞれが自分の暮らしに合った働き方をすることが大切だと考えています。

編集スタッフのほとんどが未経験で入社

　寿山さんがクラシコムに入社したのは2016年。それまでは、出版社兼編集プロダクションに所属し、さまざまな紙媒体の編集を手がけてきました。クラシコムに転職し、もっとも変化したのは編集における考え方だったと振り返ります。

「前職では自分の考えを前面に出さずに客観的な執筆、編集をしていました。けれど、今は自分なしには編集作業ができません。お客さまと同じ一生活者として情報発信している以上、自分自身の体験がベースにならざるを得ないからです」

　こうした実感は、クラシコムの編集者に何が求められるかを示しています。寿山さんが挙げる必要なスキルは2つ。1つは、心から「フィットする暮らし」を作りたいと思っていること。もう1つは、日常の中で考え、自分の感じたことを言語化する習慣を持っていること。

「カメラの使い方やレタッチの仕方、文章の書き方、WordPressの使い方などは、後からでも学べるスキル」だと寿山さん。事実、編集スタッフは編集以外の仕事をしていた人がほとんどで、前職は革小物のメーカーや広告会社、コンサルティング会社、食品開発メーカー、建築設計事務所と多岐にわたります。多くのメンバーが20代後半になって初めて、編集業務に携わったそうです。

　未経験から編集者になるためには、細かく身につけるべきスキルが少なくありません。そこで、クラシコムでは入社して半年は教育係がつき、写真の撮り方から、企画や文章などの全てにおいてかなり細かくチェックしています。

「全員が『元お客さま』としてサイトに共感していた人たちということもあり、考え方にズレを感じることは少ないですね。本人たちが切り替えに苦労している様子もそこまで見られません。細かいニュアンスやどこまでこだわるかのレベルを共有し、徐々にすり合わせていきます」

変わらないために、変化を続けていきたい

ECサイトとしてスタートして以降、オリジナル商品の開発、動画やラジオといった読みもの以外のコンテンツ配信、イベントの開催、映画の制作など、さまざまな試みを続ける「北欧、暮らしの道具店」。新作映画やインターネットラジオコンテンツなど、さらなるコンテンツの充実に意欲を見せます。

チャネルを増やせば、読者により長く、より深くコミットすることができる。さらに、こうした数々のチャレンジの本質は、「変わらないため」だと寿山さんは説明します。

「私たちは世の中のごく一部である『私たちみたいな誰か』という同じお客さまに対して、『フィットする暮らし、つくろう』という同じテーマでこれからもアプローチし続けていきます。ただ、手法は変えていく。ずっと同じ展開だと、見ている方も飽きてしまうかもしれませんので。変わらず楽しんでいただくためにも、根っこの部分は変えずに、変化していこうと意識しています」

ただし、「変わらないために変わり続けることは実は難しい」と寿山さんは明かします。それは、自身の日常の理想と現実を見つめ続け、常に新たな視点を探し続ける必要があるからです。

「でも、編集の仕事はすごく楽しく、面白いです。これからも、お客さまと一緒に新しい選択肢を見つけていけたらと思っています」

・・・

まとめ　「北欧、暮らしの道具店」の教え

・・・

- ●読者と同じ一生活者として企画を作る
- ●編集経験より価値観の共有を重視する
- ●数字は目標ではなく分析の一要素

・・・

18

「地元」を応援するオウンドメディア

ジモコロ

媒体概要 https://www.e-aidem.com/ch/jimocoro/｜運営会社：株式会社アイデム｜
立ち上げ：2015年｜収益モデル：宣伝施策としての「オウンドメディア」モデル｜人
員構成：非公開（株式会社バーグハンバーグバーグと株式会社Huuuuで構成）｜売上・
PV等：100万～130万PV／月

企業側はメディア運営に口を挟まない

どこの地元にもコロがっている魅力的な「場所」「仕事」「小ネタ」など、
地元愛を感じさせる話題を発信する「ジモコロ」。地域のニッチかつ愛され
るネタを集め、老舗の「オウンドメディア」として大きな存在感を示してい
ます。求人情報を扱う株式会社アイデムが運営する同メディアは、2021年5
月11日に6周年を迎えました。

「ジモコロ設立当時、Webメディアの記事は近場で取材を済ませて完結し
ているようなものが多かった印象で。足を使って取材をすれば、もっと面白
いものが作れるはずだという確信があったんです。だから、ジモコロを始め
た当初の個人的な目標は、東京中心の情報発信に対するカウンターカルチャー
を作ることでした」

そう語るのは、立ち上げ当初からジモコロの編集長を務める徳谷柿次郎さ

2015年に始まった、どこでも地元メディア「ジモコロ」のホームページ。キャッチコピーは「あなたがどこに暮らしていても、もっと地元が好きになる」

ん。2015年、おもしろコンテンツを得意とする制作会社「バーグハンバーグバーグ」で働いていた柿次郎さんは、"たまたま代理店の担当者と接点があった"という理由でジモコロ担当者に任命されたそうです。

時代はまさにオウンドメディアの黎明期。特に求人を事業と

□ 企業は編集者とお互いに信頼関係をもち、口を出しすぎない
□ PVなどの数字だけでは、オウンドメディアの価値を測らない
□ 「オウンドメディアの社会的な意義」を伝え続ける

徳谷柿次郎編集長
1982年生まれ。株式会社Huuuu代表取締役。設立当初から編集長としてジモコロの運営の根幹を担う。

する企業の多くは、コンテンツマーケティングに可能性を見出すべく試行錯誤を繰り返していました。アイデムの3代目ジモコロ担当・藁品優子さんはオウンドメディア発足の理由をこう振り返ります。

「弊社はもともと新聞の折込み広告事業から始まった会社です。良くも悪くも真面目で堅実な社風でした。

藁品優子（わらしな・ゆうこ）さん
アイデムで「ジモコロ」以外のメディアの運営にも携わる。

これから10代〜20代の若者に認知を広げていきたいというなかで、あえて"アイデムらしさ"を捨てる覚悟で、新しいコンテンツをネット上で作っていこう、と。社内にはノウハウがまったく蓄積されていなかったこともあり、柿次郎さんらプロフェッショナルにすべてお任せすることになりました」

　関東・関西を中心に日本各地の求人広告を取り扱うアイデムの事業と呼応する形で、メディアの方向性は「地元に埋もれたユニークな人や物事を掘り起こす」に決まりました。「経費を使って日本各地を旅するのが長年の夢だった」という柿次郎さんの欲望も巻き込みながら始動したジモコロは、目標PVもメディアとしての明確なゴールも設けられないまま「雰囲気で始まった」（柿次郎さん）のです。

　さらに、月に1度のネタ会議で編集部が持ってくる企画を、アイデムがボツにすることは基本的にありません。

「月に12本の記事制作という見積もりに対し、独断で18本作って公開するようにしていました。ネタが切れたことは一度もなく、思いついた企画をと

にかく作り続けるモチベーションがやばかったです。楽しくてたまらなかったんでしょうね。今も取材予定ネタが常時大量にストックされている状態なんです」（柿次郎さん）

ハードスケジュールの合間を縫って、取材先で出会ったローカルの人たちと明け方まで呑み明かすなど、うわべだけではない関係を築きながら濃い記事を作る。そんな編集部の情熱に対し「絶対に私たちが口出ししないほうがいい記事が作れると思いました。それは互いの信頼関係にもとづいたもので、今でも変わりません」と話す薬品さん。

対して柿次郎さんは「アイデムさんはもはやクライアントというか、編集部のやりたいことを支えてくれるパトロンくらいの勢いで本当にありがたいですね……」と感謝の気持ちを伝えます。

そこには、もちろん信頼関係を作るための柿次郎さん側のさまざまな工夫がありました。例えば、毎月の打ち合わせで、「取材中にこんなことがあったんです」「あの取材がきっかけで面白い人とつながり、今度大きなイベントに誘われました」など、取材旅行を通して生まれた出来事や新たな展開など、数字以外も細やかに報告すること。

さらに、ジモコロ編集長として全国各地のイベントへ登壇するほか、音楽イベントやマーケットイベントにジモコロのブースを出店しています。アイデムの社員が、愛知県蒲郡市で開催されるイベント「森、道、市場」へ遊びに来てくれたこともあったそうです。

「時には自腹を切り、自らの時間を費やして、旅をしながら全国でジモコロの魅力を伝える『編集長』としての活動に心血を注いでいました。信頼関係を作るための工夫は大きくまとめると、メディア以外の場所でもジモコロの活動をしまくるってことなのかもしれません」（柿次郎さん）

メディア作りのプロに、企業がリスペクトをもって運営を一任し、編集者側もその期待に応える。オウンドメディア運営における理想的な関係を、2人のやりとりから垣間見ることができました。

「ジモコロ」ではこれまでに3度、フリーペーパーを発行している。

ローカルのネタには、普遍的なテーマが眠っている

ジモコロのローカル取材は独特です。時には事前のアポ取りを一切せず、「とりあえず○○県に行ってくるので、何かしらネタを持って帰ってきます」なんてやりとりも少なくありません。この大胆さ、ギャンブル性こそが、ジモコロの重要な持ち味だと柿次郎さんはいいます。

「事前に企画を固めすぎると、目の前の面白さを取りこぼすんです。もちろん、突撃してみたら本当にヤバイ人だった……なんてケースもありますが、当たった時の収穫も大きいんです」

例えば、クワガタとタケノコで大稼ぎしてフェラーリを購入した風岡直宏さんの記事。たまたま静岡県にアウトドアレジャーの取材に行った道中で、道路脇に怪しい看板を見つけ、帰りに突撃したのが出会いのきっかけでした。

「取材の許可を取る間もなく、風岡さんが怒涛のトークを始めて（笑）。これは面白いことになるぞ……と思ってレコーダーを回し、記録的に写真を撮りました。話を聞き終わってから『記事にしてもいいですか？』って聞いたら、『もちろん全然いいよ。うれしい！』って。当時、恋人を探しているといっていたので、記事の最後に連絡先を載せたら、反響がとんでもないことになったんです」（柿次郎さん）

記事を目にしたテレビ局から連絡が入り、風岡さんは人気バラエティ番組の準レギュラーに抜擢。一躍、時の人となりました。

ジモコロ登場を機に人生が変わったというケースは、これだけではありません。15歳でコーヒー焙煎士になった岩野響さんもその1人です。

「響くんの記事も同じパターンです。たまたま群馬県桐生市に遊びに行っていた時に、地元で活動しているプレイヤーに紹介されて会いに行ったら……『これは面白い！』と思っていきなり取材に切り替えました。ただ、記事が話題になったことでコーヒー店のお客

他メディアでも取り上げられ話題となった「【伝説】クワガタとタケノコで大稼ぎ！ 謎の農家『風間直宏』はなぜフェラーリを買えたのか？」

さんが増えた、取引先が増えたというように、本人の人生を変えただけではありません。発達障害を抱える彼やご家族の生き方が書籍化されたことで、同じように苦しんでいる方たちの背中を押すような効果も生まれました」（柿次郎さん）

　柿次郎さんがジモコロで実現したいことの1つが、「世の中で可視化されにくい価値観を言語化してアーカイブすること」。ローカルの価値観はとかく都会で生活をする人々には届きにくいものですが、実はそこに大きな宝が眠っていると力説します。

「例えば、農家や漁師さんの話を聞くと、人間にとって普遍的なテーマを感じるんですよね。読んですぐには刺さらないかもしれないけれど、5年後、10年後に誰かの人生を少しだけ変えるような記事を作りたい。その想いが強い一方で、何十年と積み上げられてきた歴史や文化にズカズカと踏み込んで話を聞き、その価値観を正しく記事にするという行為はとても難しいと感じています」

　柿次郎さんのこの発言に、薬品さんは「客観性を保ち続けようとする姿勢が大切なのでは？」と返します。

「編集部の仕事を見ていると、『取材対象者に感情移入しすぎていないか？』『読者に感想を押し付けていないか？』を強く意識されているように感じます。例えばジモコロでは、2016年の熊本の震災を多く取材して記事にしてきました。もちろん、悲しいことは悲しいこととして真っ直ぐ向き合いながらも、決して『悲しいでしょう？　一緒に悲しんでくださいね』という編集にはなっていないんです」（薬品さん）

　ローカル特有の事情も、人の感情も、「わからないことはわからないままにする」（柿次郎さん）。無理に結論づけない記事作りのスタイルもまた、ジモコロらしさといえるのかもしれません。

15歳でコーヒー焙煎士になった岩野響さんを取り上げた、「あえて高校に行かず15歳で『コーヒーショップ』を構えた少年」

見知らぬ土地の文化を、「自分ごと」として読ませる工夫

　現在ジモコロは、柿次郎さん率いるフリーランスの編集ギルドチーム「Huuuu」と古巣「バーグハンバーグバーグ」の2社で運営しています。編集者の人数は合わせて5名程度。他方、在籍するライターの人数を尋ねると「正直把握していない」との答えが返ってきました。

　「執筆したいというライターはたくさんいるんですが、ジモコロで書くのって実はめちゃくちゃ大変なので、なかなか定着しないんです。取材も大変だし、原稿の文字数は多い。デザイン的な演出や間の作り方も重要。あと、多くのライターがぶち当たるのが、勝手に作り出した"ジモコロらしさ"という呪いですかね。例えば、"記事中に小ボケを絶対に挟まないとダメ"みたいな。でも編集サイドからすると、メディアのイメージに寄せたお笑い的な表現よりも、本人が元々持っている個性を生かしてほしいですね」(柿次郎さん)

　あたかも自由に、書き手目線でのびのびと執筆しているようにも感じられますが、柿次郎さんは「記事1本1本にしっかり編集を加えている」と否定します。

　「確かに一部のライターは、読者に顔を覚えられるほど多くの記事を書いています。一方で、職業ライター以外の人、例えば学生さんなんかに書いてもらうケースも実は多い。有象無象のライターがひしめき合うなかで、いかにジモコロの持ち味である読みやすさを担保するのか。そこに対してはすごく労力を使っていますね。例えば、学生やローカルのプレイヤーに執筆をお願いした場合、仮に初稿が完成度30〜50%だとしても、編集によって100%まで引き上げるようにしています」(柿次郎さん)

　ライターのスキルを100%まで引き上げたところで、読者の目に留まるわけではありません。「見知らぬ土地の・見知らぬ人の・見知らぬ価値観」に興味を持ってもらい、読者にクリックを促すための施策もまた編集者の大きな役割でもあります。具体的にどんなことに気を配っているのかと質問してみたところ、「タイトルに地名や店舗名などの固有名詞を極力使わない」というシンプルな答えが返ってきました。

　「ローカルメディアでよく見かけますが、"●●県の▲▲職人××さん(72)"

みたいな記事タイトルをつけてしまうと、その土地に興味がある人しかクリックしないじゃないですか。ジモコロが大事にしているのは、そのネタが誰の地元でも想像できるかどうか。誰にだって地元があるじゃないですか。読者に対する間口を広げるという意味でも、タイトルづけは毎回議論が白熱します」（柿次郎さん）

ロジカルに考えて実践しても、結果につながるとは限らないメディア運営。正解が出ないことに根気強く向き合うこともまた、編集者に必要な資質といえそうです。

▍「わからない」に立ち向かい、物事の境界線を溶かす

柿次郎さんに編集者とはどんな仕事なのか、どんな役割を担っているのかについて尋ねると、こんな答えが返ってきました。

「語弊があるかもしれませんが、編集者って以前は『社会のはぐれ者』みたいな人間が就く仕事だったのではないか、と思うときがあるんです。もちろん一流大学から大手出版社に就職している優秀な編集者はたくさんいます。いわば編集業でしか生きられないような人もいるというか……。最近は、『編集』という仕事があまたある職業の選択肢の1つになっている気がしますね。企業が求めるインハウスエディターの役割は年々広がっていますし、美大卒のアートカルチャーに詳しい人材も周りに増えていて。良くも悪くも編集者じゃないと生きていけない人が減っているかもしれません」

"編集"の仕事を通して触れることのできる価値は、以前に比べ格段に多様化しているようにも感じられます。では改めて、「今の」編集者に求められる役割とはなんなのでしょうか。

「あらゆる境界線を溶かすことなんじゃないかな、と。世の中に散らばっている情報や知恵を、人を集めて編むことにより、狭まってしまった専門性や思い込みを取り払うこと。僕が携わっているローカル領域においては、ことさらに関わっていく領域が広くなっていきます。その結果、『わからない』が増えるんですが、それに立ち向かいながら境界線を溶かしていくことが求められるように思います」（柿次郎さん）

最後に、アイデム側が感じているジモコロの価値について、藁品さんはゆっくりと考えながらこう話してくれました。

「直接的な売上につながるわけではないので、メディアとして存続させる意義については継続的に議論がなされています。ただ、もともと紙媒体を生業にしてきた会社ということもあり、PVという数字にとらわれて判断する人間ばかりではないですし、逆に数字だけでジモコロの価値をすべて伝えることもできない。私がアピールしたいのは、やはりネット上でどんな議論を巻き起こし、読んだ人にどんな行動をうながしたのかという事実です。ジモコロは社会的に意義があると信じていますし、それを伝えていくのが自分の役目だと思っています」

　KPI（Key Performance Indicator ＝ 重要経営指標）を設けずにスタートし、6周年を迎えた2021年も、あくまで定性的な価値にこだわり続けるジモコロ。誰かの心を動かすために、今日も地元ネタを掘り起こし続けます。

まとめ **「ジモコロ」の教え**

● 取材する地域では、その瞬間の出会い、目の前の面白さを大切にする
● ローカルの価値観には、大きな宝が眠っていると信じる
● 見知らぬ土地の見知らぬ文化を、「自分ごと」として読ませる工夫をする

19

SEO の最前線で戦う“沈黙の”Web マーケッター

ウェブライダー

媒体概要 https://web-rider.jp/ ｜運営会社：株式会社ウェブライダー｜設立：2010年 ｜収益モデル：企画・制作・コンサルティング・自社サービス提供｜人員構成：15名

鍵はソリューションと行動変容

　情報発信の場が紙からデジタルに移り、「編集者」が担う仕事も多種多様になっています。新聞社や雑誌社、テレビ局などは Web 上でも積極的な情報発信を始め、Web 発の人気媒体も多数登場しています。また、プラットフォームや EC 企業がオリジナルコンテンツを制作する手法も一般的になりました。

　広大なネットの海原で、どうやって読者にコンテンツを届ければよいのか？その1つの手段として、Web 編集者が知っておくべきキーワードが SEO です。

　過去には、SEO が悪用された事例もありましたが、検索エンジンは多くの人に記事を届ける重要なチャネルであることは今も変わりません。

SEO 記事で「検索者の悩みを解決する」

　SEO は「Search Engine Optimization」の略語で、日本語訳では一般に「検索エンジン最適化」と記されます。

　これは、検索エンジンで特定のページを上位表示させることを目的とした施策を指すのですが、松尾さんは「少し違う視点で SEO を捉えている」と話します。

「私は、SEO=『Search Experience Optimization（検索体験最適化)』と定義しているんです。つまり、検索エンジンそのものに対してではなく、ユーザーが検索をしたときの“体験”を最適化すること。さらに噛み砕くと、

☐ リアルなニーズに寄り添った濃密な記事を検索エンジンは評価する
☐ 優れた記事は、ユーザーにソリューションを提供し、行動変容を促す
☐ インタビュー記事を検索上位にする工夫

松尾茂起代表
2010年、京都に本社を置く株式会社ウェブライダーを創業。著作に、
『沈黙のWebマーケティング』『沈黙のWebライティング』(MdN)な
どがある。

SEOは検索者の悩みを解決し、願望を叶えるための『ソリューション』で
あるべきである、と。この考え方は、Googleが目指す方向性とも合致して
います」

　例えば、「転職　女性」と検索した時、上位に表示されるのは転職ノウハ
ウ記事ではなく、希望の勤務地・職種・エリアなどを入力し、条件に見合っ
た仕事を探すことができる転職サイトです。これは一体、何を意味するので
しょうか。松尾さんはこう説明します。

「まさに、検索結果にはユーザーの悩みに対するソリューションそのものが
提示されているんです。こういった現状を鑑みると、従来のように『とりあ
えずサイトを立ち上げて記事を量産すればいい』という手法は、もはや
SEOの施策として成り立たなくなってきたことがわかります」

読者の行動変容を促せるのが最強のコンテンツ

　めまぐるしく変化するSEO分野で、10年以上にわたってクライアントと
向き合いながらコンテンツを作り続けているウェブライダー。

　そのメイン事業は受託のコンテンツ制作ではなく、自社で運営するWebサー
ビスです。

　これまでに、クラウド型の文章作成アドバイスツール「文賢」やバナー作
成アプリ「バナープラス」など、新サービスをローンチしてきました。これ
らの売り上げは、全体の約6割を占めるそうです。

「私たちはずっと『サービスを提供する事業』をしてきました。実際に商売
をしてみると、なにかを売るためには、いかに困っている人を助け、悩みを

解決に導くことができるかを考え抜く必要があるとわかります。ユーザーにとって最適なソリューションを考え続け、提示することこそがSEOの本質なんです」

　こうしたビジネスの現場で培った力が、コンテンツ制作の成果にもつながっています。

　同社が制作したコンテンツ「会社や仕事を辞めたい人必見！辞めたい理由別の賢い対処法11選」は、「会社　辞めたい」の検索ワードで1位を獲得しています（2021年3月時点）。

「文字数は約3万字。正直、記事のクオリティに対する評価は千差万別だと思います（苦笑）。ただ、この記事を書く際に、貫き通したことが1つだけあるんです。それは『会社　辞めたい』と検索して記事にたどり着いた人たちが、なんらかの解決策を見出して、行動変容を起こせる記事にすることでした」

　検索をする人の多くは、ただの情報ではなく、自身の悩みごとの解決策を求めています。この部分が「多くのメディアにとって盲点」だと松尾さんは指摘します。

「読者に新たな視点を与えたり、深い思考を促したりするコンテンツの提供は、メディアの役割の1つです。しかし、検索上位にくるような記事を目指すなら、やはりソリューションの提供が大切になってきます。さらにその先で、読者になんらかの行動を促すことができれば、最強のコンテンツになるでしょう」

　しかし、ソリューションの提示が重要とはわかる一方で、世の中には「答えの出ないテーマ」があります。

　明確なソリューションを導き出せない企画の場合、検索エンジンでは評価されないのでしょうか。

「必ずしも、1つのソリューションだけにこだわる必要はありません。選択肢を網羅的に整理する、つまり答えをたくさん置いてあげる。そして、その中から選ぶのはあなたですよ、というスタンスを取れば十分です。むしろ、人は『説得されて選ばされる』よりも、『自分で納得したものを選びたい』もの。そこに訴えかけるようなコンテンツは、SEOに強い記事といえるでしょう」

インタビュー記事を検索結果の上位に表示するには？

Web編集者が手がけるのは、コラム記事だけではありません。

特定のテーマを持って専門家に話を聞くインタビュー記事を企画・編集するケースも多々あります。

SEO的な視点に則って考えれば、インタビュー記事であっても例外ではなく、読者にとっての悩みに解決策を提案できない限り、検索上位には表示されないことになります。

では、こうしたSEO的視点を実際にインタビュー記事に応用することはできるのでしょうか。

「できないことはありませんが、正直にいえば、すごく難しいと思います。というのは、そもそも多くのインタビュイーは記事上で個性を発揮したいのであって、読者の求める答えを提供するSEOの"機能"として扱われることを嫌がるはずですから」

たしかに、コンテンツ企画を「SEOのためのインタビュー」に定めると、まるでインビュイーその人を商品やサービスと捉えるように感じられるかもしれません。

しかし、視点を変えると、インタビュイーの価値を新しく発掘することにもつながることも。松尾さんは「このインタビューを受けることが、自分や会社のマーケティングにつながる」と取材相手に感じてもらえる提案を進めます。

「例えば、仮に『松尾　論理的思考』で上位表示を狙いましょうと提案されたら、自分では気づかなかった価値を見出してもらえたように感じてうれしくなることもありますよね。そしてその記事がもし検索上位に表示されれば、論理的思考に関するセミナーの依頼だって来る可能性もあるでしょう。専門家の人生をより豊かにするようなSEO×インタビューという手法は、これから新たな市場になっていくかもしれません」

クライアントの望みと「広く届ける」コンテンツ

では、企業が運営するオウンドメディアにおいて、SEOは成立するのでしょ

うか。「クライアント企業が発信したいと望むメッセージ」と「多くの人に届くコンテンツ」は、合致しないことが少なからず発生するのですが……。

「当然、作り手にはクライアントのリクエストを形にする能力が求められます。しかしSEOを意識するなら、クライアントの求める文脈をいったん切り離した上で、企画を立て始めることが重要だと考えます。まずは、読者の悩みごとや欲求に立ち返ることから始めるべきではないでしょうか」

検索上位に表示されるコンテンツを考える際、具体的に意識すべきはGoogleが判別できる「クエリ（質問文）」です。

具体的には、「Knowクエリ（知りたい）」「Goクエリ（行きたい）」「Doクエリ（やってみたい）」、そして「Buyクエリ（買いたい・申し込みたい）」の4つが挙げられます。

例えば、デニムの販売を強化したいと考えるアパレル会社のケース。『デニム　コーデ』のキーワードを選定し、検索結果で上位表示を目指すケースを想定してみましょう。

「この場合、キーワードに関係するのは主に2つのクエリです。具体的には、『このデニムにはこんなコーディネートの仕方があり』（Knowクエリ）、『あなたに似た体型の人が着るとこのようなイメージで』（Doクエリ）。その上で『こんなデニムがあるのなら、このデニムを購入してみたいな』（Buyクエリ）というクエリが生まれることもあるでしょう」

2021年4月現在、平均滞在時間30分、合計100万PVを超えた「会社や仕事を辞めたい人必見！やめたい理由別の賢い対処法11選」

このように適切なクエリの掛け合わせによって記事の方向性を定め、さらにユーザーのニーズを掘り下げて分析。読者に離脱されない記事の長さを割り出し、記事を作っていきます。

リアルなニーズに寄り添った濃密な記事

　企業がSEOコンテンツを考える上で、気をつけることや知っておくべきことは何でしょうか。松尾さんの回答はシンプルかつ明快でした。
「ブランド力があり、信頼性の高い大企業のオリジナルコンテンツは、やはり検索結果の上位に上がりやすいですね。その点で、ブランド力がまだない知名度の低い企業は太刀打ちできないので、別の角度から戦略を練る必要があるでしょう。もっとも効果的なのは、しっかり時間を使って、1記事の濃密度を高めていくことです」
　例えば、規模が小さな企業なら、小さいながらのフットワークの軽さを生かし、消費者と近い距離でリアルな声を拾い集める。
　ニーズを的確にキャッチすることで、よりソリューションを満たすような濃厚な記事を作る。こうした地道な信頼の貯金は、有効なSEOにつながっていくはずです。
　また「SNSなどを通して、消費者とコミュニケーションを密にしていくことも重要だ」と松尾さんは指摘します。
「大企業の多くはソーシャルメディアガイドラインが厳しく、その点で中小企業にも勝算があります。消費者の口コミはSEO強化においても有効ですから、ユーザー参加型コンテンツを活用し、自社メディアや記事を拡散させる工夫を施すことも1つの手段となります。この際に気をつけるべき点が、口コミの"深さ"です」
　ただ「いいサイトだった」ではなく、「このサイト中のこの記事の、この一文が良かった」まで言及されることで、多くの人の参考となる具体性のある口コミが生まれていく。それらの口コミはユニークな独自性のある情報となり、Googleにインデックスされます。その結果、自社のコンテンツだけでなく、自社で制作した外部のコンテンツも上位表示され、自社のブランディングの強化につながることもあるといいます。

検索エンジンの進化の先を行くコンテンツ

　このように、SEO の専門的な知識を網羅することは難しくても、メディアの仕事に関わるのであれば、最低限の知識は身につけておきたいもの。どうやって SEO を学んでいけばよいのでしょうか。そのコツを教えていただきました。

「常に『なぜ、この記事が上位なのか？』と思考し続けることです。自分は読みたいと感じなくても、世の中の多くの人がどんな情報を求めているのかを知れば、さまざまな応用ができますから」

　SEO の向こうにあるものを探す行為は、ニュースに携わる編集者なら世論を知ることにもつながり、小説家なら世の中が追い求めている流れと逆張りすることで、新たな物語を紡ぐきっかけになるのではないか。松尾さんはさらに言葉を続けます。

「検索エンジンを使わないという人の中には、満足のいくソリューションが得られず、不満を感じたからという人もいるかもしれません。しかし、最近の Google は常にアップデートを続けており、できる限りユーザーの求めるソリューションに根ざしたコンテンツを上位に表示させるようになってきているんです」

　ただし、その進化は決して速いものではありません。Google の後追いをしていては、さらに後れを取ることになってしまうでしょう。

　いま、松尾さんが目指すのは「Google が上位表示をせざるを得ないような良質なコンテンツを作ること」だと主張します。

「『自分こそが Google のデータベースを作ってやるんだ』くらいの気概を持って、日々のコンテンツ作りに取り組んでいます。『これはどうだろう？』と、どんどんチャレンジしていれば、評価は勝手に追いついてくる。今後、新しい形の SEO コンテンツに挑むメディアが増えれば、検索結果がさらに豊かになっていくのではないかと予想しています」

　SEO を知ることは、人間の思考や行動を分析すること。すなわち、人間自体を知ることにもつながっていく——。読者のニーズと向き合い、良質なコンテンツとは何かと思考を重ね続ける日々。

　いかに正しい SEO の知見を身につけ、実践をするのか。Web 編集者がよ

り良質なコンテンツ作りを目指す上で大切なことを改めて突きつけられました。

まとめ 「ウェブライダー」の教え

- ●最強のコンテンツは読者に行動変容を促す
- ●検索上位に食い込むには、明確なソリューションを
- ●口コミこそがユニークな情報。細部まで濃密に

20

ノオト

媒体概要 https://www.note.fm/｜運営会社：有限会社ノオト｜設立：2004年｜収益モデル：コンテンツ制作・企画の受託、マーケティング支援、自社メディア運営｜人員構成：10名（編集部）

現代の「編プロ」の実態

　2019年に大ヒットした映画『天気の子』では、主人公が身を寄せる先として編集プロダクションが描かれました。数名程度の体制で、アシスタントを抱えながら出版社の下請けとして雑誌やムック本を作る。かつての編集プロダクション（編プロ）は、「まさにそんな場所だった」と編集者歴20年以上の宮脇さんはいいます。

　編プロの主な仕事は、一言でいえば「受託制作」であると宮脇さん。クライアントからのオーダーをもとに、成果物を納品します。かつて、クライアントは出版社、成果物は紙媒体（雑誌やムック本、時に広報誌など）がほとんどでしたが、現在はその状況が大きく変わってきているそうです。

「ノオトでは現在、クライアントが一般企業であることがほとんどです。成果物はWebのいわゆる『オウンドメディア』のコンテンツ。企業からの依頼を受けて、編プロがネットに公開する記事を作る。単発の仕事もあれば、メディア全体のコンセプト決定から運営までを編プロが担当することもあります」

　コンテンツ制作を上流から下流に整理するとすれば、編プロはそのまさに中間。クライアントとクリエイターの間に入る「現場監督のような存在」（宮脇さん）と表現します。

　編プロには編集者が所属し、時に自分で記事を書くこともありますが、基本的には編集、すなわちライターやフォトグラファー、イラストレーターなどをまとめる存在です。

☐ 企業をクライアントにした Web の「オウンドメディア」制作、運営
☐ 仕事はチーム戦、「職人」クリエイターたちの「現場監督」
☐ 人こそが編プロの資産

みやわきあつし
宮脇淳代表
東京都立大学工学部機械工学科卒。大学5年生の春、インターネットジャーナルの編集部に潜り込むも、約1年半で運営会社が解散。クラブカルチャー誌の編集を経て、フリーの編集者＆ライターに転身。5年半後、有限会社ノオトを設立。

「媒体の編集者は『0→1』が仕事だといえるかもしれません。雑誌なら、その号の全体のトーンを決め、それに合った特集を立ち上げる。一方、編プロの編集者は『1→10』の仕事。それぞれのコンテンツを、納品までクオリティを高めて作ることですね。これはクライアントが媒体から企業になっても、あまり変わりません」

ノオトには営業担当者がおらず、基本的に全員が編集者。2019年秋に福岡で開催した #ライター交流会 には、ノオト社員がそろって登壇した。

　1人や2人の編プロと比較すれば中規模になるノオトにおいて、仕事は「チーム戦」であると宮脇さん。監督すべき現場には、さまざまなタイプの職人がいます。それぞれとよい仕事をするには、編プロにも多様な人材が必要なのです。

編プロ「編集者」の仕事とは

　コンテンツ制作の流れが変化しても、「現場監督」としての編プロの役割は、大きくは変わらない、と宮脇さんは指摘します。それを深掘りすることは、多様になる編集の定義の核を探すことにもつながりそうです。
　では、編プロで編集者は、どんな仕事をしているのでしょうか。
「大きく分けると、コンテンツ作りの前半パートは、企画、ディレクション、ライターやフォトグラファーなど、クリエイターのアサイン。後半パートは、

取材、ライターさんからいただく原稿の編集、クライアントへの納品、公開された原稿がより広く読まれるような施策でしょうか。一般の方がイメージする、文章を整える仕事は狭義の編集であり、制作のフローを分解するとこれだけの仕事があります」

　企画では、まず宮脇さんや担当編集者がクライアントに伺いを立てて、どんなメディアやコンテンツを作りたいのか、その背景としてどんな課題を抱えているのかをヒアリングします。条件が折り合えば、制作をスタート。公開予定日までのスケジュールを引き、ディレクションを始めます。

　単に「記事」と括っても、ウェブに公開されるコンテンツは幅広いもの。ライターがテキストを書く、フォトグラファーが写真を撮ることは想像しやすいですが、例えばほかにもイラストやインフォグラフィック、近年はGIFアニメや動画を記事に挿入することも一般的になりつつあります。

　編集者は案件ごとに、自身のネットワークから最適なクリエイターを集め、それぞれの力を借りてコンテンツを編んでいくようなイメージで1つの記事の完成度を高めていきます。だからこそ、「コンテンツを作ること」「誰かの要望に沿ってクオリティを担保すること」に喜びを感じる人が向いている、と宮脇さん。

「ノオトが提出した見積書を見たクライアントから、『この"編集費"って何ですか？』、『原稿料とは別にお金を取るんですか？』みたいな質問がくることもあります。実際には、編プロの編集者の仕事は多岐にわたるので、そのことはしっかり説明するようにしています」

　受託制作である以上、担当する案件のジャンルやアウトプットの体裁はさまざま。だからこそ、求められる案件をきちんと理解し、柔軟に対応する姿勢があるかどうか、採用面接ではじっくり見られます。編プロ出身者の「潰しがきく」スキルは、多様な案件に取り組んだ経験値の積み重ねによるものといえそうです。

新卒入社の2社倒産、そして編プロを起業

　工学部出身で、エンジニア志望だったという宮脇さん。学生時代にアルバイトしていた出版社の雑誌編集部に、そのまま入社しました。

　編集者見習いとして雑誌の企画に関わりましたが、半年後にあっけなく会

社が倒産。そのあと、タイミングよく働き始めた別の編集部もわずか5カ月で解散。

「次またどこかの編集部に入って媒体が潰れたら、自分が疫病神みたいに見られそう」と独立を決心し、1999年からフリーランスのライター・編集者として活動します。

ノオトが運営するネット地域メディア「品川経済新聞」を題材に、ライター育成教室を開催。ベテランライターとのつながりも深い

このようなキャリアもあり、先輩から手取り足取り仕事を教えてもらったことはないそうです。取材に同行し、取材テープをおこす。編集部のあらゆる仕事の手伝いをする。そうしたことで、編集者としてのノウハウを身につけていきました。

「フリーで5年半ほど活動したあと、妻と2人で有限会社ノオトを立ち上げました。子どもが3歳になって『会社という形にした方が経済的に安定するのでは』と思ったのが理由です。

設立当初からWebのコンテンツを作っていて、ちょっと珍しい編プロだったかもしれません。その頃は紙が中心の業界でしたから」

リーマンショックで赤字に転落することもありましたが、結果的にその後に起こった第1次オウンドメディアブームに乗り、業績は一気に回復します。以降、経営は順調に。

2021年7月には17周年を迎え、社員12人であらゆるコンテンツを編集できる体制を作り上げてきました。

編プロ編集者のキャリアとしては、宮脇さんのように「フリーに転向する」「自分で編プロを立ち上げる」ほかにも、「媒体の会社に移籍する」などの選択肢もあります。宮脇さんが編プロ経営一筋の道を選んだのはなぜなのでしょうか。聞いてみると、「他にできることがないから」と謙遜しつつ、こう答えます。

「広告はどうしても『クライアント・ファースト』になりがちで、いくら編集者が『こうした方がいいコンテンツになる』と思っても、通らないことがある。

しかし、そもそもオウンドメディアが大事にすべきは読者です。編プロと

して『読者ファースト』を掲げ、クライアントにもその思想を粘り強く伝え続けたことで、理解ある取引先とずっと仕事を続けることができるようになりました」

「編集者の幸せ」がKPI

　紙とデジタルが交差し、誰もが発信者になることのできる時代、宮脇さんは「編集の価値はますます高まっている」と断言します。「編集」という言葉には、一般に校正（字句や内容、体裁のミスを修正すること）や校閲（意味や事実関係のミスを修正すること）を指しますが、編集の仕事はそれに留まらないからです。

　コンテンツが溢れ、可処分時間をソーシャルゲームやSNSと奪い合う時代。読みやすくする校正・校閲だけでなく、読まれやすくする施策も必要です。それは、より魅力的な見出しだったり、「ディストリビューション」と呼ばれる、SNSやニュースプラットフォームでシェア・ピックされる戦略だったり。これらもすべて編集の仕事です。

　フェイクニュースが問題になる社会では、内容の裏取り（事実確認）も不可欠。トンマナ（記事の雰囲気）を媒体に合わせて整え、法令やポリティカルコレクトネスを守り、いわゆる「炎上」を避けることもしなくてはなりません。「編集者がコンテンツを世に出したために、メディアが嫌われてしまったら意味がない」（宮脇さん）からです。

　ノオトは編プロ業に留まらず、ライターや編集者などクリエイターが集まるコワーキングスペースなども経営し、数多くのリアルイベントを主催してきました。

　一見すると、編プロの仕事に無関係に見えるこういった事業や活動は、それ単体で採算が合わなくても、人と人とをつなげて後によいコンテンツを生みだす“種まき”なのです。

「編集の経験を積み上げることで、たしかに自分自身のスキルはどんどん上がります。ただ、読者もどんどん新しいメディアやコンテンツを目にするわけですから、1人の編集者による過去の成功体験なんて、昔の遺産みたいなもの。常に新しい要素を入れていく仕組みを持つことが大事だと考えます」

　また、そもそも受託制作中心の編プロは資産が貯まるストックではなく、

流れていくフローのビジネスモデル。

　コンテンツの制作工程の中間にあり、利益率の高い業態ではありません。賃金が低いことも指摘されますが、宮脇さんはだからこそ、「人こそが編プロのストックになる」と表現します。

「編プロ業界は昔から、非正規社員に薄給で長時間仕事をさせて、辞めたら引き継ぎもなく新人を補充するといった負のスパイラルが起こっていました。

　こんな有様では、編集者にはろくなスキルが身につかないし、コンテンツのクオリティも上がりません。

　そこでノオトは、設立当初からスタッフを全員正社員で雇用しています。「品川経済新聞」を活用して未経験者を教育し、家賃補助制度を手厚くするなど社員の生活の安定・向上を優先させました。離職率を低く抑えれば、編集の知見やノウハウ、外部協力者を含めた人的ネットワークが強固に構築されます。これが編プロの資産ですから」

　ノオトという会社のKPIをあえて挙げるのであれば、それは「社員である編集者の幸せ」だと宮脇さん。

　その先にあるのは「健全な情報流通が世の中を良くする」「そんなコンテンツを増やしていく」というKGI（Key Goal Indicator ＝重要目標達成指標）。

　このマインドは、ノオトで育ったたくさんの編集者にも、脈々と受け継がれています。

まとめ　「ノオト」の教え

....

● 編プロ編集者は「1→10」。
　受託コンテンツを納品までクオリティを高めて作る
● 編プロ出身者は「潰しがきく」。
　メディアや広報などどこでも活躍できる人材に
● 企業がクライアントでも大事なのは「読者」。
　読者ファーストが20年存続のコツ

....

なぜ私たちは
フリー編集者になったのか

　Webメディアの編集者は組織に所属している人たちばかりではありません。フリーランスの立場で、組織を超えて活躍する人たちもいます。第一線で活躍する編集者たちはなぜ、フリーを選んだのか。メリット・デメリットや必要なスキルまで、4人が語り合いました。

　座談会に集まったのは、編集プロダクション出身の木村衣里さん、Webメディアなどでの経験がある長谷川賢人さん、事業会社のオウンドメディアに携わっていたあかしゆかさん、そして大学在学中からフリーで活動する西山武志さんです。司会は、Webメディアや編集プロダクションでのキャリアがあるwithnewsの朽木誠一郎副編集長が務めました。

▌一番のメリットは「自由な時間」

朽木：紆余曲折ありながらも、組織に入って編集者になった方が3人。そこ

木村衣里（きむら・いり）
1990年生まれの編集者／ライター。北海道函館市出身。Web系編集プロダクションを経て2018年7月に独立。フリーランスの編集ギルドチーム「Huuuu」所属、「東京銭湯 - TOKYO SENTO -」元編集長。

からなぜ、フリーになろうと決断したのか。僕はフリーになりたくないんですよ。組織にいれば安定もある。勤め人が業界にも多い中でみなさんの選択に興味がある人も多いと思います。

木村：実は私も朽木さんと一緒で、組織の中にいたい派なんですよ。じゃあなんでというと、本当に流れで。

　前職の編集プロダクションは、すごく自由な会社でした。評価がわかりやすくて、それぞれが決め

た売上目標を達成できていれば
OK。個人がやりたい案件も、会
社を通せば全然やっていいよとい
う方針だったんですね。

あかしゆか
1992年生まれ、京都出身、東京在住。大学時代に本屋で
働いた経験から、文章に関わる仕事がしたいと編集者を
目指すように。現在はWebや紙など媒体を問わず、編集
者・ライターとして活動している。

　とはいえ、会社員だとやっぱり、
関われる領域が限られてくる。も
うちょっと深く、外の会社にも関
わりたいなと思った時に、会社員
という肩書がないほうがいいと
思ったんです。

長谷川：前職では就業時間外で、
取材だったり、在宅でできたりす
る仕事を受けていました。2015年あたりはオウンドメディアブームがやっ
てきていて。僕のところにも、「イベントのレポートをお願いしたいんです
けど」といった依頼が舞い込むようになりました。だけど、平日日中は動け
ない。断る回数がどんどん増えていくことになるわけです。

　それが2016年には、さらに顕著になりました。副業のウェートも大きくなっ
て、仮に本業をやめても、ご依頼を全部受けたら収入も変わらないぐらいに。
年齢も30歳と節目なこともあって、フリーになることを考えるようになり
ました。

　一番のきっかけは、周りに同じような人がいたことですね。先にフリーで
活躍していた友人2人に「フリーになろうと思っているんだよね、どうかな」
と聞いたら、「全然できるよ。仕事はいくらでも今ある」といってくれたん
です。

　ライター・編集者への需要は依然高く、供給が追いついていない状況は変
わらずだったから、すでに副業で受けていた仕事もあったし、「ダメでも30
歳ならまだ何とかなるだろう。1回やってみるか」と思って独立しました。
そこから4年、フリーで今も続けています。

朽木：あかしさんが働いていたサイボウズは大きな企業じゃないですか。

あかし：私がやめようと思ったのは、「自由がもっと欲しくなった」という
のが一番大きくて。サイボウズは、働きやすい自由な風土です。副業をした
り、週3社員にしたり。自分は自由に働けている方だと思っていました。

だけど、ある時ふと、「自由といっても人生の7分の3は会社にいるんだな」と頭によぎって。それって本当に私が求めているバランスなんだろうかって考えた時に、もっと自由な時間が欲しいなと思ったんです。正社員という形態が自分に合わなくなってきていました。

入社から数年経って、会社から「こう成長してほしい」と求められるようになったのも理由の1つです。会社が求める成長と、自分が成長したい方向がずれてきていました。これは正社員である限り、どんどん負担になっていくなと感じて。私も副業の収入などで見通しが立ちそうだったので、会社と相談して正社員から業務委託にしてもらいました。

朽木：いい示唆だなと思ったのが、あかしさんはプレイヤーでいたかったということですよね。会社にずっといたらマネジメントを求められる機会も増えてくる。だから正社員をやめたというのは、道理が通っている気がしました。

あかし：そうですね。プレイヤーでいたかったです。

朽木：西山さんはどうして、初めからフリーランスに？

西山：大学の学部がメディア系で、出版文化にまつわる授業を結構受けていたんです。大学2年生の秋ごろに、授業で知り合った編集者さんにOB訪問をしたんですが、その時「ライターってどうやってなるんですかね？」ってノリで聞いたら、「資格もいらないし、興味あるんだったらやってみる？」って聞かれて。何をやるのかよくわからないまま「はい！」って答えて始めたのが、フリーライターとしての最初のキャリアでした。

2015年あたりからは周りでオウンドメディアの立ち上げが増えてきて、ライターを続けていた自分の所にも「メディアってどうやって作ったらいいの？」という相談が来るようになりました。編集者の仕事ぶりは間近で見てきたので、「こういう風にやったらいいんじゃないですか」とアドバイスをしていたら、「わからないから、じゃあ編集をやってよ」と頼まれて、手探りで始めるようになりました。

オン・オフの切り替えが必要

朽木：フリーでいるメリット、デメリットはどんなところですか？

木村：良いところは、都合がつけやすい。病院も混んでいない時間帯に行け

たり、人混みをさけて買い物でき
たり。好きな時に休みを取って、
好きな時に働けるのはフリーの良
さですね。

　フットワークを軽くしていられ
るのもいいなと思います。あとは
関わる先が増える。関わりのある
「ギルド型」編集チームのHuuuu
では、地方の人たちと知り合えて、
広告の仕事ではまた別領域の人た

西山武志（にしやま・たけし）
1988年生まれ、埼玉産のstory/writer。大学を卒業して
からずっとフリーランス。現在はインタビューワークを
メインにしつつ、編集デザインファームinquireで、組織
的なライティングのスキルアップ支援などにも従事。

ちと。案件ごとに、違う世界の人
たちと知り合えるのは、フリーの
良いところかな。良くないところは……なんだろう。

朽木：働き過ぎてしまう？

木村：働き過ぎている感覚、私にはなくて。ただ、自分の意思で休みを決め
ないといけないので、そこの切り替えは必要かもしれません。常に仕事と隣
り合わせになる状態にストレスを感じる人も向いていないだろうなと思いま
す。自分は感じないけど、「さみしい」という声は同業からよく聞きますね。

　デメリット、まだありました。公的な手続きを全部自分でやらなくちゃい
けないこと。私は編プロ時代から経理業務のサポートをしていたのもあって、
そういう細かい作業が苦手ではないけど、急に自分でってなったら、嫌な人
もいるだろうな。あれ、みんなが苦い顔に……。

あかし：私は本当に苦手。確定申告の対応は全部、税理士さんにお願いして
います。他には、体調を崩したら収入に直結するだろうなという不安はあり
ます。その分、自分がやりたかった仕事の割合を増やせているのは良いとこ
ろです。

長谷川：お金の面は、福利厚生といった部分でフリーランスは心もとないな
と思います。だけど、それも考え方次第。僕はコロナが広がる少し前に、日
本政策金融公庫と銀行から大きな借り入れをしました。事業拡大のための運
転資金の名目ですが、法人としてではなく、個人でも借りられたんです。あ
くまで運転資金なので、使わなければそのまま返済していけばいい。1つのセー
フティーネットになっています。

他にも、デメリットがあるとすると、仕事が細かくなるんですよね。フリーランスの仕事って、全体の中の一部を切り出したものが多い。

　例えば、企業が予算をかけて新規事業をするとなった時に、「方向性をどうするか」「どのような戦略を取るか」といった上流の仕事には関わりにくい。外部のフリーランスが「こういう事業をしましょう」と投げかけるのはなかなか難しいはずですから。そこは、朽木さんのように企業に属して編集者をする時との大きな違いです。

自分自身でレベルアップを

朽木： フリーランスを続けていく上で、スキルアップについてはどのように考えていますか？

木村： 「ギルド型」の編集チームであるHuuuuと関わりがあって、そこには同じ境遇を生き抜いてきた先輩たちがたくさん集まっています。原稿や企画だけじゃなくキャリアや人生の悩みも相談できる人たちが身近にいるのはすごくありがたいです。

長谷川： 僕は恩師に「編集者は書いてはいけない」と教わってきました。書かせるのが仕事だ、と。もっとも今は、仕事でライターをすることも多いので、書くことの研鑽は重ねています。編集者として必要なのは多分、関わる人となるべく同じ目線で話ができることだと思う。カメラマンが写真を撮る時に「ここに物があったら邪魔だよな」というのを先に気がつけるとか。そのためのインプットや体験は、スキルアップといえるかもしれません。

　編集者もその分野に元々詳しい必要は必ずしもないけど、取材や記事を作る時には対象への解像度を高めていないと、うまくいかない。それでいて、知らないがゆえに聞き出せること、異なる角度からの問いかけができることもある。その両軸でバランスがとれ

長谷川賢人（はせがわ・けんと）
1986年生まれ、東京都出身。日本大学芸術学部文芸学科卒。「ライフハッカー［日本版］」や「北欧、暮らしの道具店」を経て、フリーランス。主にWeb媒体で活動中。

る、「プロの素人」になることを心がけているつもりです。

あかし：私はまだ駆け出しなので、先輩編集者の方々と一緒に仕事をさせていただいて学んでいる部分と、1人で挑戦する案件と、両方がバランスよくできたらいいなと思っています。フリーだと怒ってくれる人もなかなかいないので、ダメな所をちゃんと注意してくださる先輩編集者の存在はかなり大きいです。1つひとつのお仕事を、大切に真摯にやっていきたいなと思います。

長谷川：フリーは、「ダメだったら次の仕事がこない」となりやすいから、それは良い環境だよね。

西山：だから、自分でどんどんレベルアップしていく必要があるんですよね。いろいろ教えてくれる編集者さんに当たるのはラッキーだけど、それってその人の厚意でしかなくて。向こうからしたら「お金を払って教えている」って状態だから。そんなの申し訳なさすぎる。

　受けた仕事を全うするために必要なスキルアップなりインプットを、その都度その都度で主体的にやっていくのが、フリーランスの必要条件になってくると思います。そうしたスキルアップやインプットを、タスクと感じるのではなく、好奇心を持って楽しみながらできる人が、この業界に向いているんじゃないかな。

長谷川：あえてスキルの話をするならば、「Webメディアって何が起きているんだっけ」とか「Webの技術ってどうなっているんだっけ」といったことを常にキャッチアップしようとしています。ブックライターや雑誌の仕事もやっているけれど、僕はあくまでWebの編集者だと自認しているので。

　歴史のあるメディアでは、編集スキルの根幹を持っている人はたくさんいるけど、デジタルに興味がある人は出てきたばかり。Webメディアにおいては、その先行者利益が自分にもわずかにはあると思っています。もちろん、根幹部分を育てていくことを意識しながら、インターネットをより良く、より面白く、より豊かにしていくところにこれからも加担していたいですね。

おわりに

　withnews、ノオト、Yahoo!ニュースがネットで公開した合同連載企画「WEB編集者の教科書」は、実はスタート当初から、「このシリーズは、1冊の本にまとめたいよね」という話が持ち上がっていました。

　編集者の仕事をまとめた書籍は、過去に何冊も出版されています。しかしながら、2020年代の「Web編集」の現場を多角的に切り取ったコンテンツはこれまでになかったからです。

　そもそも「Web編集」という職種が生まれてから、わずか20年ちょっと。ほんの数年前までは、コピペもどきのコンテンツを粗製乱造するWebメディアが、雨後の筍のごとく生えている状態でした。しかし、法令違反、および道義的な観点から糾弾され、多くのメディアはそのまま土に還っていきました。

　Web編集の歴史はまだ年月が浅いものの、こういった騒動を乗り越えつつ、その存在価値を少しずつ高めてきたのです。

　書籍や雑誌の編集はすでに数百年の伝統と実績があります。新聞・出版社に入社してキャリアを築いてきた編集者は、そこで、編集の思想や技術を脈々と受け継いできました。

　一方、Webメディアはどうでしょう？

　インターネットは、もはや誰もが簡単に利用できる社会インフラとなりました。そのため、ブログやYouTube、SNSなどを駆使した個人ユーザーはもちろん、これまで情報発信のプロではなかった業界や企業も、一気にWebメディアに参入するようになりました。

　こうした状況もあって、ある日突然、「今日から、我が社のオウンドメディ

アの編集長は君に任せることにしたよ」と上司に無茶振りされ、編集について誰も何も教えてくれないまま困り果て、『宣伝会議』の編集ライター養成講座の門を叩く方は後を絶ちません。

　そんな調子で"いきなりWeb編集の仕事を振られてしまった"方。企業の広報・マーケティング担当者でWebの情報発信に力を入れたい方。新聞社や出版社を経て、IT企業の編集部に転職された方。
「ギャラを上乗せするからメディア運営もお願い！」とクライアントからいわれて引き受けてしまったフリーランスのWebライターのみなさん。そんな方々にとって、本書がこれからのキャリアパスを考えるきっかけやヒントになれば幸いです。

　AIの進化と普及によって、「10年後には存在しなくなる職種がある」と世の中ではいわれることがあります。
　しかし、読者と向き合いながら企画をコツコツと作り、クリエイターたちと協力しながらコンテンツを作り上げていくWeb編集の仕事は、決してAIに取って代わられることはないでしょう。

　世の中を広く見渡し続ける「編集ジェネラリストの道」を突き進むもよし。自分が好きなジャンルに特化した「編集スペシャリストの道」を極めるもよし。社会に役立つ記事を世に送り出すのも、おもしろ系コンテンツで読者を楽しい気分にさせるのも、はたまた、そうした硬軟織り交ぜた仕事に熱中するのもWeb編集の醍醐味です。

　ニュースのトレンドワードをチェックしつつ、街でたまたま見かけたもの珍しい光景を見逃さず、取材先で出会った人々からびっくりするような話を引き出す日々。メディア業界の編集者はいわずもがなですが、一般企業にお勤めの方や個人事業主も、ぜひWeb編集のメソッドを取り入れてみてください。きっと、仕事がより一層楽しくなっていくはずです。

ノオト代表・宮脇淳

制作者一覧

装　　丁：水戸部功

本文デザイン・図版制作：宮嶋章文（朝日新聞メディアプロダクション）

企画協力：前田明彦（Yahoo! ニュース）

編集協力：宮脇淳／鬼頭佳代（ノオト）

記事執筆：有馬ゆえ＝「Yahoo! ニュース」・「CHOCOLATE Inc.」・「弁護士ドットコムニュース」・「北欧、暮らしの道具店」／波多野友子＝「ジモコロ」・「ウェブライダー」／黒木貴啓＝「ジャンプ＋」／名久井梨香＝「withnews」・「ハフポスト日本版」／奥山晶二郎＝「クックパッドニュース」・「FNNプライムオンライン」／朽木誠一郎＝「ハフポスト日本版（フォトエディター）」・「ノオト」／山内浩司＝「東洋経済オンライン」・「文春オンライン」／河原夏季＝「ねとらぼ」／野口みな子＝「オモコロ」・「デイリーポータルZ」／丹治翔＝「ABEMA Prime」・「NewsPicks Brand Design」・「フリーランスWeb編集者座談会」

撮　　影：栃久保誠／吉田一之（p.155-156、p.195、p.197、p.202）

校　　正：くすのき舎

書籍編集：佐藤聖一／増田侑真

withnews

2014年より朝日新聞社が運営する双方向型ニュースメディア。ユーザーの依頼を引き受けて記者が取材をする企画が特徴。また、新聞では読むことができないような連載記事も好評を博している。「WEB編集者の教科書」は2020年5月から連載スタート。https://withnews.jp/

ノオト

2004年設立。オウンドメディアを中心に、Webメディアや紙媒体のコンテンツ企画や編集、原稿執筆、運営などを手がけるコンテンツ・メーカー。「正しい情報を人びとにわかりやすく伝えること」をミッションとしている。https://www.note.fm/

Yahoo!ニュース

1996年よりサービスを開始。225億PV（2020年4月実績）を記録した、日本最大級のプラットフォームサービス。国内外合わせて600以上のメディアと提携。1日あたり約7000本の記事を配信している。
https://news.yahoo.co.jp/

現場で使える
Web編集の教科書

2021年7月30日　第1刷発行

著　者　　withnews+ノオト+Yahoo!ニュース
発行者　　三宮博信
発行所　　朝日新聞出版
　　　　　〒104-8011
　　　　　東京都中央区築地5-3-2
　　　　　電話　03-5541-8814（編集）
　　　　　　　　03-5540-7793（販売）
印刷所　　大日本印刷株式会社